ひろがるトポロジー

石川剛郎・大槻知忠・佐伯修・三松佳彦 編

ポアンカレ予想

高次元から低次元へ

小島定吉 著

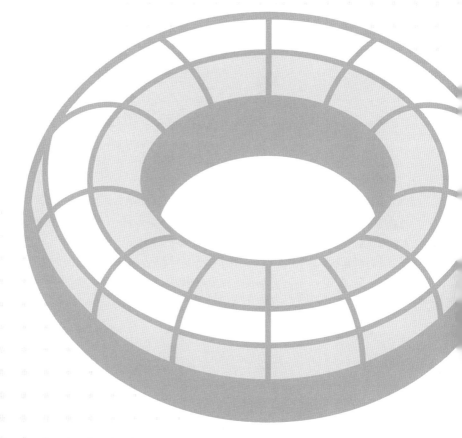

共立出版

シリーズ刊行の趣旨

トポロジーは，長さ，面積などの量には依らず，連続変形で変わらない図形の性質を調べる柔らかい幾何学である．18 世紀中葉にレオンハルト・オイラーが多面体定理，すなわち空間内の凸多面体について頂点の数＋面の数＝辺の数＋2 が成り立つことを発見し，トポロジーを創始した．その歴史は，数学諸分野の中では古いものではなく，オイラー以後もすぐに目立った発展を遂げたわけではない．19 世紀後半には（コ）ホモロジーや基本群の概念が少しずつ形を見せ始め，世紀の変わり目前後にアンリ・ポアンカレが記念碑的な Analysis Situs を著した．その後のトポロジーの発展は目覚ましく，20 世紀中盤には高次元多様体のトポロジーが夢のような展開をみせた．さらにその後もトポロジーは現代数学の各分野にとどまらず，周辺諸科学とも関連しあいながら有機的にひろがり，発展し続けている．興味を惹かれるテーマが実に数多く存在する．その中から，トポロジー自体に限らず現代数学の発展を理解する上で欠かせない素材や方法論，幾何的もしくは独自の魅力にあふれた理論などを厳選し，できるだけコンパクトな形でより多くの読者にトポロジーの魅力を提示する，というのが本シリーズの狙いである．

現代トポロジーの全体像をあまねく記録しその成果を不足なく解説しようとするならば本シリーズの数倍か数十倍の規模を要するであろう．本シリーズではむしろ，現代数学を理解し，未来への展望を見据えるための魅力を備えたテーマに絞り，現代のトポロジーの最前線で活躍する著者陣にこれらをいきいきとした切り口で解説して見せてもらうことを意図した．各巻は大部ではないが，それぞれのテーマへ，初学者にもわかりやすく興味深い導入から始まり，理論の核心へと迫る．いくつかの巻は学部や大学院初年次におけるセミナーのテキストとして好適であろう．より高度な文献や論文へと進む礎となることも期待される．

多くの読者に本シリーズから現代トポロジーの魅力を感じ取っていただけたら幸いである．

編集委員

まえがき

　ポアンカレ予想は，20世紀初頭にポアンカレにより提唱された「単連結3次元閉多様体は3次元球面に位相同型である」という命題であり，本書の執筆依頼を受けたとき編集委員会から筆者に課せられた「お題」である。

　ポアンカレの予想は，20世紀前半では代数的トポロジー，および位相空間論や多様体論の進展を促し，そもそもの素朴な興味の枠を大きく超えて今日のトポロジーの基礎確立に貢献した。本書の執筆依頼があったとき，現代トポロジーの入門を記し若い読者のその後の興味の発展に資するという本シリーズの趣旨に沿って，ポアンカレ予想に関するこの100年の歴史を綴ることを想定し，構想を練った。

　トポロジーの進展の中でポアンカレ予想に焦点を当てると，1956年に一般化されたポアンカレ予想に関してミルナーによるエキゾティック球面の発見があった。さらに1961年にスメイルが5次元以上でのポアンカレ予想を解決した。その20年後にはフリードマンによる4次元での解決がえられた。また，そもそものポアンカレ予想に対してもサーストンによる幾何化予想への一般化が1980年に提唱され，21世紀初頭に，ペレルマンにより幾何化予想の解決が宣言され，とくにポアンカレ予想は解決された。

　これらの成果の数学的詳細を網羅するのは手に余る。しかし歴史を振り返ると，高い次元から順番に解決に辿り着いたという事実がある。なぜ高次元の方が易しいのかと聞かれることが，数学者からも含め多々ある。高次元が易しいというわけではないのだが，なぜかという疑問には答えたいと考え，学部生がもつ知識を前提に，これらの歴史的イベントに触れるのに必要最低限の事項は丁寧に記し，その先は可能な限り証明に登場する役者を紹介することとして執筆を開始した。

　結果として構想がうまく実現できたかは心許ない。証明を他書に委ねた箇所が多々ある。多様体論，代数的トポロジー，微分幾何などの分野で学部3年生までで学習する可能性のある事項は仮定した。また，おそらく3年生までの講義では取り扱われないPLトポロジー，ファイバー束，リー群などに関する基礎的事項の確認

についてはほとんど読者任せにした。結果として，幾何系の4年生なら読み始められるが，たとえばセミナーで取り上げるとすると，読者にとっては，自己完結している本を読む場合と，いろいろ事前に調べる必要がある論文を紹介する場合の中間くらいの量の独自の学習が必要になる。

　一方，ポアンカレ予想に焦点を絞ったおかげで，ポアンカレという偉大な数学者の一言が，単独の課題として生き延びたのではなく，この100年間に数学界にどれほど大きな営みを生み出したかは記せたような気がする。全体を読破せずとも，独習に預けられた部分を深く掘り下げるという読み方も可能かもしれない。これをもって，本書がシリーズの趣旨に沿っていることを願いたい。

　執筆にあたり，編集委員の大槻知忠氏，共立出版の大谷早紀氏にはたいへんお世話になった。また，Xiaobing Sheng 氏には数学書には稀な多くの絵心のある図版を作成していただいた。この場を借りて感謝申し上げたい。

2022年4月

小島　定吉

目　次

1

ポアンカレ予想

本章は序として，20世紀初頭にポアンカレ予想が生まれた背景，ポアンカレ（H. Poincaré）の深い洞察，その後100年間に進展したトポロジーの理論展開を，ポアンカレ予想に焦点を当てて駆け足で解説する．1.3節の内容が第2章以降の各章の概要に相当する．数学の用語の定義は後の章に譲るが，多くは定義を記したページを索引に挙げるので，必要に応じて参照されたい．

1.1 ポアンカレ以前

19世紀は，ガウス（F. Gauss）やリーマン（B. Riemann）の仕事に代表される多様体論が華々しく開花し，幾何学の重要な対象とは何であるかが明確になる時代であった．一方で，複素解析の理論も進展著しく，とくに積分量が積分路を連続的に動かしても不変であることを示す命題がいくつも示された．たとえば

◆ 例 1.1　$C : [0,1] \to \mathbb{C} \setminus \{0\}$ を $C(0) = C(1)$ をみたす C^∞-級閉曲線とすると，

$$\frac{1}{2\pi i} \int_C \frac{1}{z}\, dz = C \text{ の回転数}$$

とか，

◇ 定理 1.2（コーシー（A. Cauchy）の積分定理）　$\mathbb{C}$ を複素数平面，$U \subset \mathbb{C}$ を単連結な領域，$f : U \to \mathbb{C}$ を正則関数とする．さらに $C : [0,1] \to U$ を $C(0) = C(1)$ となる C^∞-級単純閉曲線とすると，

$$\int_C f\, dz = 0$$

が成り立つ．

などである．これらの命題は，積分の値が閉曲線 C の連続変形（ホモトピー）で不変であることを主張するもので，当時はまだ生まれていなかったトポロジーの用語に翻訳したことにより，本質が明快になっている．

　さらに，多価関数を 1 価関数とみなすために定義域を改変するアイデアは，ごく自然にリーマン面という複素 1 次元（実 2 次元）の多様体を生み出した．一例を挙げる．

◆ **例 1.3**　リーマン球 $\hat{\mathbb{C}} = \mathbb{C} \cup \{\infty\}$ 上で

$$w^2 = z$$

と定義される有理関数 w は，0 と ∞ で特異点をもつ 2 価関数である．これを 1 価にするには，定義域 $\hat{\mathbb{C}}$ を，0 と ∞ で分岐する 2 重分岐被覆に置き換えればよい．この例では定義域のトポロジーは変わらない．

　トポロジーが変わる例は，たとえば $a \in \mathbb{C}$ を $\{0, 1\}$ 以外から選び，

$$w^2 = z(z-1)(z-a)$$

で定義される $\hat{\mathbb{C}}$ 上の 2 価関数を考えればよい．これを 1 価にする定義域は $\hat{\mathbb{C}}$ の $0, 1, \infty, a$ の 2 重分岐被覆である．定義域は a の値によらず，トーラスとよばれる閉曲面とトポロジーが等しい（図 1.1 参照）．関数の微小変形が定義域とみなせるリーマン面のトポロジーに影響をあたえないことは，19 世紀後半には十分認識されていた．

図 1.1　トーラス

　ポアンカレ以前で特筆すべきトポロジカルな視点の成果は，メビウス（A. Möbius）による閉曲面の分類定理と，ベッティ（E. Betti）によるベッティ数の発見である．いずれも 1870 年代にえられたが，当時，多様体は常に三角形分割が付随していることが前提にあった．メビウスの定理の主張は今日流にいうと，3 次元ユークリッド空間

$$\mathbb{R}^3 = \{(x, y, z)\,;\, x, y, z \in \mathbb{R}\}$$

に埋め込まれた向き付け可能な三角形分割可能な閉曲面は，球面に $g\,(\geq 0)$ 個の
トーラスを連結和した曲面にトポロジーが等しく，さらにその位相同型類は連結和
するトーラスの個数 g で決まるという主張である（図 1.2 参照）。

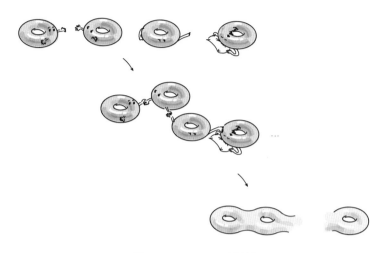

図 **1.2** トーラスの連結和

　まだ位相圏での多様体の定義がなく，いろいろな仮定がついているが，実際の証
明も仮定に依存するところがあった。ちなみに $\mathbb{R}^3$ の部分多様体という仮定から
解放されたのは，世紀を超えた 1907 年のデーン（M. Dehn）の証明による。一方，
ベッティはホモロジーの概念に肉薄していて，一般の次元で今日でいうホモロジー
群の階数の重要性を指摘している。この数は，後にポアンカレによりベッティ数と
名付けられた。

1.2　ポアンカレの位置解析

　前節に記した 19 世紀後半の幾何学の進展の下，ポアンカレは 1895 年に位置解析
（Analysis Situs）と題する示唆に富む論文 [52] を発表し，単体的ホモロジー論を展
開し，今日トポロジーとよばれる分野の基礎を築いた。この論文でポアンカレは，
4 次元ユークリッド空間の中の単位球面である 3 次元球面

$$\mathbb{S}^3 = \{(x_0, x_1, x_2, x_3) \in \mathbb{R}^4 \,;\, x_0^2 + x_1^2 + x_2^2 + x_3^2 = 1\}$$

とホモロジー群が同型である 3 次元閉多様体は $\mathbb{S}^3$ と位相同型であると予想してい

る。閉多様体という呼称はトポロジー分野独特のもので，コンパクトで境界がないことを意味する。

★ 予想 1.4　ホモロジー群が $\mathbb{S}^3$ のホモロジー群と同型な 3 次元閉多様体は $\mathbb{S}^3$ に位相同型である。

ところがこの問いはポアンカレ自身を悩ますことになる。「位置解析」は単独には収まらず，その後の 10 年間で五つの補遺を加えた。1904 年に出版された最後の補遺 [53] でポアンカレは，ホモロジー群より細かい情報をもつ基本群という概念に到達し，予想 1.4 の反例となるポアンカレ球面を構成し，改めて

★ 予想 1.5（ポアンカレ予想）　基本群が自明な 3 次元閉多様体は $\mathbb{S}^3$ に位相同型である。

という，後にポアンカレ予想とよばれる命題を問題して挙げ，反例がありうるかと問いかける形で課題を残した。ポアンカレ予想が 20 世紀のトポロジーを大きく牽引したことは数学界では周知の事実である。基本群が自明という性質は単連結とよばれており，以降はこの用語を用いる。3 次元閉多様体が単連結であれば，ポアンカレ双対性からホモロジー群は $\mathbb{S}^3$ のホモロジー群と同型になる。したがって，予想 1.5 は予想 1.4 の仮定を単連結という条件に強めた命題である。

[コメント 1.6]　トポロジーという名称はポアンカレによるものではなく，その後の歴史の産物で，「位置」を意味するギリシャ語の「トポ」と，「〜学」を表す英語の「ロジー」が組み合わさった。

1.3　100年の歴史

ポアンカレが創始したホモロジー群および基本群という代数的概念は，写像の連続変形であるホモトピーという考え方の重要性を喚起し，20 世紀当初から膨大な研究が積み重なり，世紀の前半までに一般の位相空間論の整備とともに，そのホモトピー論とホモロジー論が満足できる形で完成した。とくに位相同型よりは少し弱いホモトピー同値という概念が，代数的トポロジーでは主要な役割を果たすことが明確になった。またホモトピーやホモロジーの考え方は，圏と関手という枠組みを生み，概念や問題の定式化に圏と関手を用いる手法は今日では数学全般に浸透している。

ポアンカレは位置解析において空間は単体的複体と想定していたが，時代が進む

につれトポロジーの研究は空間のより詳細な構造に辿り着き，ポアンカレの素朴な
設定を超える両極端として，位相多様体と C^∞-級多様体を区別するようになった。
また，C^∞-級多様体の研究にはモース関数などの解析的手法が導入され，その成果
としてモース関数の臨界点の情報から多様体のトポロジー，とくにホモロジー群の
情報がえられた。

　そもそものポアンカレ予想に対しても，デーン（M. Dehn），パパキリヤコプロ
ウス（C. Papakyriakopoulos），ハーケン（W. Haken），本間（T. Homma）等によ
り，3 次元に特化された基礎理論が構築され，ポアンカレ予想に肉薄する研究の鎖
がある。

　一般次元での問題設定のため，n 次元球面とは

$$\mathbb{S}^n = \{\boldsymbol{x} \in \mathbb{R}^{n+1}\,;\, \|\boldsymbol{x}\|^2 = x_0^2 + x_1^2 + \cdots + x_n^2 = 1\}$$

であることを思い出す。3 次元での解析とは様相が大きく異なり，高次元ではポア
ンカレ予想のアナロジーを，位相圏で考えるか C^∞-級圏で考えるかで実際違いがあ
ることが 1956 年にミルナー（J. Milnor）により指摘されたのは，まさに驚きに値
する。

◇ 定理 1.7（ミルナー [37]）　$\mathbb{S}^7$ に位相同型だが微分同型ではない C^∞-級多様体
が存在する。

すなわちポアンカレ予想を C^∞-級圏での問いとすると，7 次元で反例があるという
ことである。標準的でない C^∞-級構造はエキゾティックとよばれ，ミルナーはそ
の後ケルベア（M. Kervaire）と共に，当時整備されつつあったホモトピー論を駆使
して，球面上のエキゾティックな構造の個数を明らかにした [29]。ちなみに 7 次元
では標準的な構造を含めて 28 個ある。

　こうした背景の下で，1961 年にスメイル（S. Smale）が h-同境定理を確立し，そ
の一つの系として，つぎの一般化されたポアンカレ予想の解決を導いた。

◇ 定理 1.8（スメイル [58]）　単連結 n 次元 C^∞-級ホモロジー球面は，$n \geq 5$ のと
き $\mathbb{S}^n$ に位相同型である。

n 次元ホモロジー球面とは，ホモロジー群が $\mathbb{S}^n$ のホモロジー群と同型な閉多様体
のことである。$n \geq 4$ のときは単連結性だけからホモロジー球面であることは主張
できない。そのため定理はホモロジー球面であることを仮定に残している。結論は

位相同型であり，微分同型までは主張していない．実際，エキゾティック球面が存
在するので，微分同型であることは主張できない．

　また，スマイルの定理は，C^∞-構造をもつ単連結ホモロジー球面に対象を限定し
ている．しかし $n \geq 5$ であれば，n 次元ホモロジー球面は必ず C^∞-級構造をもつ
ことが後に知られ（[28], [32] 参照），C^∞-級構造が存在するという仮定は外すこと
ができる．したがってスマイルによる結果は，予想 1.5 を一般化する

★ **予想 1.9（一般次元ポアンカレ予想）**　$n \geq 2$ のとき，単連結 n 次元ホモロジー
球面は $\mathbb{S}^n$ に位相同型である．

を $n \geq 5$ のとき解決したことになる．予想 1.9 は $n = 2$ の場合は閉曲面の分類定
理により肯定的であることが知られているので，この時点で残されたのは $n = 3, 4$
の場合になる．

　h-同境定理の証明のキーとなるアイデアは，次元の仮定の下で，C^∞-級構造の存
在を拠り所に，ある代数的条件下ではハンドル分解のハンドルを相殺することがで
きるという事実にある．

[コメント 1.10]　本書では深入りしないが，位相圏と C^∞-級圏の間に，区分線形構造
をもつ多様体を対象とする PL 圏がある．PL 圏に属する多様体に対するスマイル型の
定理はストーリングス（J. Stallings）により証明されている [59]．

　残された二つの次元のうち 4 次元で，位相圏では高次元で保証されるある代数的条
件下でのハンドル相殺が可能であることが，1982 年にフリードマン（M. Freedman）
により解決された．その一つの帰結として，つぎの定理がある．

◇ **定理 1.11（フリードマン [15]）**　単連結 4 次元ホモロジー球面は $\mathbb{S}^4$ に位相同型
である．

証明は，モース関数からえられるハンドル分解ではなく，ビングトポロジーを駆使
したキャソンハンドルによる分解を用いて位相 h-同境定理を証明することによりな
される．しかし，議論は C^∞-級構造をもつ h-同境からスタートするので，直接の
対象である 4 次元単連結ホモロジー球面についても最初は C^∞-構造の存在を仮定
する．この仮定を取り除くには更なる工夫が必要である．

　一方 C^∞-級圏では，フリードマンの定理が示されたのとほぼ同時期にドナルド
ソン（S. Donaldson）に始まる一連の研究で，4 次元位相多様体は多様な C^∞-級構
造をもつことが明らかになった．しかしながらホモロジー球面に対しては現状では
取っ掛かりがなく，とくに

☆ **問題 1.12** $\mathbb{S}^4$ はエキゾティック C^∞-級構造をもつか?

は未解決である。

3 次元では,位相圏と C^∞-級圏は差がないことがモイズ(E. Moise)により示されている [43]。とくに,$\mathbb{S}^3$ はエキゾティックな C^∞-構造はなく,すべて標準的である。

3 次元多様体論はポアンカレ予想を動機に 3 次元固有の手術理論を展開し,1970 年代半ばまでにジェイコー(W. Jaco)・シャーレン(P. Shalen)およびヨハンセン(K. Johannson)が独立に JSJ 分解理論を完成させた。自由積に分解しない基本群の階数 2 の自由アーベル部分群による融合積分解および HNN 拡大が,3 次元既約多様体のトーラスによる分解に自然に対応するという主張である。これと,クネーザー(H. Kneser)とミルナーによる素分解の存在と一意性を合わせると,任意の 3 次元多様体は自然な球面とトーラスによる分解をえる。これが JSJ 分解である。

サーストン(W. Thurston)は 1980 年に,JSJ 分解の各断片(ピース)には 3 次元では 8 種類ある局所等質幾何構造のいずれかが入ると予想し,幾何化予想と名付けた。幾何化予想の解決がポアンカレ予想の解決を導くことは容易に分かり,幾何化予想はポアンカレ予想の一般化である。ポアンカレ予想は単連結な多様体を対象にした限定的な命題であるが,幾何化予想は一般の 3 次元多様体を相手にしているところに大きな飛躍がある。

ハミルトン(R. Hamilton)は,3 次元多様体にはトポロジーに見合う自然なリーマン計量があるという期待のもとに,リッチフロー

$$\frac{d}{dt}g = -2\,\mathrm{Ric}_g$$

という変分原理を考え,幾何化予想攻略のプログラムを提案した。ここで g はリーマン計量で,Ric_g は g のリッチ曲率テンソルである。2002 年後半からペレルマン(G. Perelman)により,リッチ流を用いた幾何化予想の解決を主張する 3 編の論文が数学のウェブ上の論文投稿サイトである arXiv に掲載され,数年を経てその成果が認知された。とくにポアンカレ予想はペレルマンによって解決された。すなわち,

◇ **定理 1.13(ペレルマン [49, 50, 51])** 単連結 3 次元閉多様体は $\mathbb{S}^3$ に位相同型である。

以上をまとめると,予想 1.9 は完全に解決されたことになる。本書は,本節の内容を各次元で入口まではできるだけ詳しく,その後は大筋を外さないように解説するのが目的である。

2

代数的トポロジー
ダイジェスト

　本章では，ポアンカレ予想に関連する代数的トポロジーからの必要事項
をダイジェストする。主な対象は，圏と関手，CW 複体の圏，さらにホモ
トピー群と（コ）ホモロジー群の理論である。今日確立した代数的トポロ
ジーの立場からその原点であるポアンカレ予想を理解することと，位置解
析 [52] に記された素朴な予想に対するポアンカレ自身の反例に焦点を当
てる。

　自己完結的にまとめるのは量的に不可能なので，ポアンカレ予想の理解
に最短で近づくことを指針とし，詳細のかなりの部分を既刊の文献に委ね
た。気になる読者のため，ハッチャー（A. Hatcher）による定評ある現代
的教科書 [17] や，拙著 [34] 等の参考文献を引用した部分は，文献中の該
当箇所も記す。

2.1　トポロジーの基礎概念

2.1.1　位相同型とホモトピー同値

　トポロジーは，位相が等しい空間を同じとみなす幾何学である。そのための基本
的な概念はつぎである。

◆ **定義 2.1**　位相空間 X, Y の間に連続全単射でかつ逆写像が連続となる写像
$f : X \to Y$ が存在するとき，X と Y は**位相同型**であるといい，$X \approx Y$ で表す。
また，f を**同相写像**という。

◧ **例 2.2**　しばしば，コーヒーカップとドーナツは位相同型であると言われる（図
2.1）。各々が粘土のような変形自在の材質でできていたとすると，一方を他方に移

すのはちょっとした制限付き粘土細工であり，連続変形過程のアニメーションを至るところで見つけることができる。変形過程の初期値の図形から最終値の図形への対応が，コーヒーカップとドーナツの間の位相同型をあたえる。

図 **2.1** コーヒーカップからドーナツへ

[**コメント 2.3**] ドーナツの表面と位相同型な図形は，トポロジーの視点から曖昧に**トーラス**と総称することが多い。たとえば位相同型という術語を排除し，「コーヒーカップの表面はトーラスである」と断言したりする。

✔ **注意 2.4** 位相同型である空間の間の同相写像は一意とは限らず，多様な自由度がある。たとえば $X = Y = \mathbb{S}^1 = \{z \in \mathbb{C}\,;\, |z| = 1\}$ としたとき，$\mathbb{S}^1$ を角度 $\theta \in [0,\, 2\pi)$ 回転させる X から Y への写像はすべて同相写像であるが，θ の値が異なれば写像としては異なる。

位相同型である空間は同じとみなす考え方は，ポアンカレ以前からあった。リーマン面に代表される閉曲面はその典型例で，前章でも言及したが，19 世紀後半にメビウスは

◇ **定理 2.5** 向き付け可能な閉（すなわちコンパクトで境界なしの）曲面は，球面にトーラスを $g\,(\geq 0)$ 個連結和した曲面と位相同型である。さらに位相同型類は連結和するトーラスの個数 g（**種数**とよばれる）で決まる。

を証明した。この命題は，今日では**閉曲面の分類定理**とよばれている。ただし**曲面**とは，各点が平面 $\mathbb{R}^2$ の開集合と位相同型な近傍をもつ位相空間のことで，後で解説する多様体の一例である。**向き付け可能**であることと**連結和**の定義を含めた閉曲面の分類定理については，[17] 第 0 章または [34] 第 2 章を参照されたい。

図 **2.2**　閉曲面

　種数 g は，閉曲面（図 2.2）を多角形で分割したときの面の個数，辺の個数，頂点の個数の交代和で定義される**オイラー標数** χ との間に

$$\chi = 2 - 2g$$

という関係がある。オイラー標数についてはホモロジーを解説する際に再度記す。

　つぎに，位相同型よりは弱いが重要な，ホモトピー同値という関係を定義する。そのため，X, Y を位相空間，$f_0, f_1 : X \to Y$ を連続写像とし，f_0 と f_1 が**ホモトピック**であるとは，連続写像 $H : X \times [0,1] \to Y$ で，

$$H(x,0) = f_0(x) \quad \text{および} \quad H(x,1) = f_1(x)$$

をみたすものが存在するときと定義する。$H(x,t) = f_t(x)$ とおけば，f_0 と f_1 が単位区間 $[0,1]$ をパラメータとして連続写像の族 $\{f_t : X \to Y; t \in [0,1]\}$ で連続的に結ばれるということである。

　H は f_0 と f_1 を結ぶ**ホモトピー**とよばれる（図 2.3）。また，f_0 と f_1 がホモトピックのとき $f_0 \simeq f_1$ で表す。ホモトピックな写像を結ぶホモトピーはもちろん一意ではない。また，ホモトピックという関係は同値関係であることが容易に分かる。

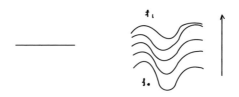

図 **2.3**　ホモトピー

◆**定義 2.6** 位相空間 X, Y が**ホモトピー同値**であるとは,連続写像 $f : X \to Y$ と $g : Y \to X$ で,

$$g \circ f \simeq \mathrm{id}_X \quad \text{および} \quad f \circ g \simeq \mathrm{id}_Y$$

をみたすものが存在するときとする。X と Y がホモトピー同値であるとき $X \simeq Y$ で表す。ここで id_* は $*$ の恒等写像である。また,f に対し g を f の**ホモトピー逆写像**とよぶ。ホモトピー同値という関係は位相空間の間の同値関係であり,その同値類を**ホモトピー型**とよぶ。

 ホモトピー同値は位相同型よりも弱い概念で,たとえば多様体 X と $X \times [0,1]$ は位相同型ではないがホモトピー同値である。しかしながら,次節以降で解説する代数的トポロジーによる空間の不変量は,すべて空間のホモトピー型のみによる。このような不変量の性質を**ホモトピー不変性**といい,不変量を**ホモトピー不変量**とよぶ。

◆**例 2.7** $\mathbb{R}^{n+1} \setminus \{\mathbf{0}\}$ は $\mathbb{S}^n$ にホモトピー同値である。実際,包含写像 : $\mathbb{S}^n \to \mathbb{R}^{n+1} \setminus \{\mathbf{0}\}$ と $\boldsymbol{x} \in \mathbb{R}^{n+1} \setminus \{\mathbf{0}\}$ に $\boldsymbol{x}/\|\boldsymbol{x}\| \in \mathbb{S}^n$ を対応させる写像がホモトピー同値の対をあたえる。

◆**定義 2.8** 1 点とホモトピー同値な空間を**可縮**な空間という。

◆**例 2.9** $\mathbb{R}^n$ は可縮である。

証明 $\{p\}$ を 1 点 p からなる集合とし,$f : \{p\} \to \mathbb{R}^n$ を $f(p) = \mathbf{0}$ で定義される写像,また g を $\mathbb{R}^n$ から p への定値写像とする。$g \circ f = \mathrm{id}_{\{p\}}$ である。また $H : \mathbb{R}^n \times [0, 1] \to \mathbb{R}^n$ を $H(\boldsymbol{x}, t) = t\boldsymbol{x}$ とすれば,H は $f \circ g$ と $\mathrm{id}_{\mathbb{R}^n}$ を結ぶホモトピーである。 $\square$

 ホモトピー同値の一例である用語を一つ加える。

◆**定義 2.10** Y が X の部分空間 $Y \subset X$ とする。$\pi : X \to Y$ が連続で π の Y への制限が恒等写像,すなわち $\pi|_Y = \mathrm{id}_Y$ で,さらに π が $\mathrm{id}_X : X \to X$ にホモトピックのとき,π は**変位レトラクト**であるという(図 2.4)。

◆**例 2.11** $X = Y \times I$ および $Y = Y \times \{0\}$ とし,$\pi : X \to Y$ を第一成分への射影とすれば,π は変位レトラクトである。

図 **2.4**　変位レトラクト

2.1.2　圏と関手

　2.2 節および 2.3 節で解説するホモロジー群やホモトピー群などの不変量は，前世紀半ばには圏の間の関手として理解することで役割が明確になってきた。そこでこの項では，圏と関手とは何かを簡単に解説する。

　圏 C とは，**対象の集まり** ObjC と，対象間の**射の集まり** MorC の組 C = (ObjC, MorC) として定義される抽象的な数学の概念である。例は後で記すとして，まず形式的な定義を述べる。対象の集まり ObjC は，集合のように何らかの対象 A が C に属しているか否かが明確に断言できることを前提とする。射 $f \in$ MorC は，**始域**とよばれる対象 $A \in$ ObjC から**値域**（または**終域**）とよばれる対象 $B \in$ ObjC への矢印 $A \to B$ である。さらに g を B から $C \in$ ObjC への射とすると，g と f の**合成**

$$g \circ f : A \to C$$

が定義され，合成に関する結合法則が成り立つことを求める。すなわち $h \in$ MorC を C から $D \in$ ObjC への射 $h : C \to D$ とするとき，

$$h \circ (g \circ f) = (h \circ g) \circ f$$

が成り立つとする。これに加え，任意の対象 $A \in$ ObjC について，任意の射 $f : A \to B$ および任意の射 $g : B \to A$ に対して

$$f \circ \mathrm{id}_A = f, \quad \mathrm{id}_A \circ g = g$$

をみたす射 id_A が存在するものとして，この射を A から A への恒等射という。

　注意しておくべきことが二つある。一つは，対象と射の例として集合とその間の写像が思い浮かぶが，対象の要素は必ずしも集合とは限らず，また射も必ずしも写像とは限らない。今一つは，異なる二つの対象の間の射の存在は前提としておらず，

なくても，あるいはたくさんあっても差し支えないことである。とくに対象 X から自身への射 id_X は存在する必要があるが，それ以外にあっても差し支えない。分かりやすい例を二つ，恣意的な例を一つ挙げる。

◆ 例 2.12 位相空間を対象とし，位相空間の間の連続写像を射とする対象の集まりと射の集まりの組は，当たり前のごとく圏である。この圏を Top で表す。Top では，任意の対象の組に対して射が多様に存在する。単なる言い換えだが，Obj Top を位相同型という関係で同一視した Obj Top の商を探求するのがトポロジーで，とくに，Obj Top をホモトピー同値という関係で同一視した Obj Top の商を探求するのが代数的トポロジーである。

◆ 例 2.13 群を対象とし，群の間の準同型写像を射とする対象の集まりと射の集まりの組は，これも当たり前のごとく圏であり，Grp で表す。Grp では，任意の対象の組に対して射が存在する。Obj Grp を群の同型という関係で同一視した Obj Grp の商を研究するのが群論である。

群をアーベル群に限ったとき，えられる圏は Ab で表す。さらにアーベル群に可換環 R 上の加群の構造があるとき，えられる圏は Mod で表される。R を特記することはあまりないが，整数環 $\mathbb{Z}$ を想定していることは多く，その場合も Mod と記すことがしばしばである。

◆ 例 2.14 $\mathbb{N}$ を自然数の集合とする。$\mathbb{N}$ の各要素を対象とし，各 $n \in \mathbb{N}$ に対して任意の $m \in \mathbb{N}$ に矢印を向け射とすれば圏になる。これを Nat で表す。

射を n に対し n の約数の一つを対応させる矢印に制限する。たとえば $n=6$ のとき 6 を始域とする射は，$6 \to 6, 6 \to 3, 6 \to 2, 6 \to 1$ の 4 通りある。この組が圏になることも容易に確かめられ，本書だけでの記号だが Div と表す。

さらに，対象は同じとし，射を $n \in \mathbb{N}$ に対して n の倍数の一つを対応させる矢印とする。たとえば $n=2$ のとき 2 を始域とする射は各偶数に対する矢印で無限個ある。この系の組も圏になることは容易に確かめられ，本書だけでの記号だが Multi と表す。

次項以降で解説する代数的トポロジーに現れる各種不変量は，Top からより計算可能な圏への対応として研究されてきた。それは二つの圏を対応付ける関手として定義される。

関手は 2 種類ある。二つの圏 C, D の間の対象および射に対する写像を $F : \mathsf{C} \to \mathsf{D}$ とする。すなわち任意の対象 $A \in \mathrm{Obj}\,\mathsf{C}$ に対して $F(A) \in \mathrm{Obj}\,\mathsf{D}$ が，さらに任意

の C の射 $f : A \to B$ に対して D の射 $F(f) : F(A) \to F(B)$ が対応する。このとき F が**共変関手**であるとは，任意の C の対象 A と id_A に対して

$$F(\mathrm{id}_A) = \mathrm{id}_{F(A)} \tag{2.1}$$

であり，さらに射 $f : A \to B$, $g : B \to C$ の合成に関して

$$F(g \circ f) = F(g) \circ F(f)$$

が成り立つときをいう。また**反変関手**であるとは，$F(f)$ が逆向きの射，つまり $F(f) : F(B) \to F(A)$ で，等式 (2.1) と

$$F(g \circ f) = F(f) \circ F(g)$$

が成り立つときをいう。共変関手と反変関手は合成の順序が逆になっている。

◆ **例 2.15**　Grp の対象を有限群に制限し，さらに射を単射準同型に制限してえられる Grp の部分圏を，本書だけだが $\mathsf{Grp}_\mathsf{F}^{\mathsf{inj}}$ で表す。圏 $\mathsf{Grp}_\mathsf{F}^{\mathsf{inj}}$ と圏 Nat の間の対応 $F : \mathsf{Grp}_\mathsf{F}^{\mathsf{inj}} \to \mathsf{Nat}$ を，対象 $G \in \mathrm{Obj}\,\mathsf{Grp}_\mathsf{F}^{\mathsf{inj}}$ に対し G の位数を対応させ，射 $G \to H$ に対しては G の位数から H の位数への Nat の射に対応させる写像とすると，F は共変関手になることが確かめられる。この関手の像が Multi に含まれることは，有限群 H の部分群 G の位数は H の位数の約数であるという有限群論におけるラグランジュ（J. Lagrange）の定理の帰結である。

◆ **例 2.16**　圏 Div と圏 Multi の間の対応 $F : \mathsf{Div} \to \mathsf{Multi}$ を，対象 $n \in \mathbb{N}$ に対し $F(n) = n$，射 $n \to m$ に対しては $F(n \to m) = m \to n$ で定義する。F が反変関手であることを確かめるのは，反変性を確かめるのに格好の演習問題である。

例 2.16 は人工的で，必ずしも圏と関手を用いて説明することに利点があるわけではないが，圏論の考え方に慣れるきっかけにはなるだろう。より自然で有用な関手の例は 2.2 節以降で解説する。

2.1.3　CW 複体

本項では，ポアンカレが扱った単体的複体よりは広いクラスの，CW 条件をみたすセル分割可能な位相空間である **CW 複体** の理論を概観する。CW 複体の圏の対象は，一般の位相空間の圏の対象の真の部分である。

その基本的な構成要素である q 次元**球体**とは

$$\mathbb{D}^q = \{ \boldsymbol{x} \in \mathbb{R}^q \,;\, \|\boldsymbol{x}\| \le 1 \}$$

であり，その内部を

$$\mathbb{B}^q = \{\boldsymbol{x} \in \mathbb{R}^q \, ; \, \|\boldsymbol{x}\| < 1\}$$

で表し，q 次元**開球体**とよぶ。ただし $\mathbb{B}^0 = \{0\}$ とする。$\partial\mathbb{D}^q = \mathbb{D}^q \setminus \mathbb{B}^q = \mathbb{S}^{q-1}$ であることに注意しておく。

　ハウスドルフ空間 X に対して，**セル**とよぶ X の部分集合の族 $K = \{c_j \subset X \, ; \, j \in J\}$ が

1. 各 $j \in J$ に対して非負整数 q_j が対応し，c_j は q_j 次元開球体に位相同型である。
2. $i \neq j$ のとき $c_i \cap c_j = \emptyset$.
3. $X = \bigcup_{j \in J} c_j$.

の 3 条件をみたすとき，K は X の**セル分割**であるという。X のセル分割 K に対して，非負整数 n を指定して，$q_j \leq n$ であるような添字をもつ部分の和を

$$X^{(n)} = \bigcup_{j \in J \, ; \, q_j \leq n} c_j$$

とおき，X の K に関する n **骨格**とよぶ。このとき X には骨格の次元による階層構造

$$X^{(0)} \subset X^{(1)} \subset \cdots \subset X^{(n)} \subset \cdots$$

が入る。

　ここまでは分割に関する前提が何もなく，いろいろな野生的現象が起こりうる。しかし以下の性質を前提にすると，取り扱いやすさが少し向上する。

◆**定義 2.17**　X のセル分割 K の各セル c_j に対し，以下の条件をみたす連続写像 $e_j : \mathbb{D}^{q_j} \to X$ が存在するとき，X と K の対 (X, K) は**セル複体**であるという。

1. $e_j|_{\mathbb{B}^{q_j}}$ は c_j への同相写像である。
2. $e_j(\partial\mathbb{D}^{q_j}) \subset X^{(q_j-1)}$ をみたす。

この 2 条件をみたす連続写像 e_j を c_j の**特性写像**とよぶ。

　さらにつぎの条件を課すと，いろいろな野生的な状況が排除できる。

◆**定義 2.18**　セル複体 (X, K) が以下の 2 条件をみたすとき **CW 複体**という。

1. （**閉包有限条件**）　任意のセルの閉包は有限個のセルで被覆される。

2.（**弱位相条件**）　X の部分集合 A は，A と任意のセルの閉包との共通部分が閉
であれば閉。

CW という形容詞の由来は，閉包有限条件を表す closure finite と，弱位相条件を
表す weak topology の頭字を並べたもので，ホワイトヘッド（J. H. C. Whitehead）
が提唱したホモトピー論を展開する上で重要な前提である。本書で扱う空間はすべ
て CW 複体のホモトピー型をもつ。いくつか例を挙げる。

◆ **例 2.19**　n 次元球面 $\mathbb{S}^n$ は，北極 $c_0 = (0,\dots,0,1)$ とその補空間 $c_1 = \mathbb{S}^n \setminus \{c_0\} \approx$
$\mathbb{B}^n$ にセル分割される。$e_1 : \mathbb{D}^n \to \mathbb{S}^n$ を

$$e_1(\boldsymbol{x}) = \begin{cases} \left(\dfrac{2\boldsymbol{x}}{\|\boldsymbol{x}\|^2 + 1}, \dfrac{\|\boldsymbol{x}\| - 1}{\|\boldsymbol{x}\| + 1} \right) & (\|\boldsymbol{x}\| < 1) \\ c_0 & (\|\boldsymbol{x}\| = 1) \end{cases}$$

で定義すれば特性写像となり，$\{c_0, c_1\}$ は球面の CW 複体としての構造をあたえる。

◆ **例 2.20**　$\mathbb{D}^2 \subset \mathbb{R}^2 = \mathbb{C}$ を以下のようにセル分割する（図 2.5）。まず 0-セルは，
$c_0^0 = 1$ とし，さらに $k \in \mathbb{N}$ に対し $c_k^0 = \cos \pi/k + i \sin \pi/k$ とする。1-セルは，
$k \geq 0$ に対し $\mathbb{D}^2$ の境界上の c_k^0 と c_{k+1}^0 が囲む開円弧を c_k^1 とする。2-セルは一つ
で $\mathbb{D}^2$ の内部であり，c^2 で表す。

c^2 の閉包を覆うには無限個のセルが必要であり，閉包有限条件をみたさない。ま
た，$Y = \bigcup_{n=1}^{\infty} c_n^0$ は閉集合ではないが Y と任意のセルとの共通部分は閉集合であ
る。したがって弱位相条件もみたさない。

図 **2.5**　CW 条件をみたさない $\mathbb{D}^2$ のセル分割

ディスク $\mathbb{D}^2$ には CW 条件をみたすセル分割があるので，この例は，CW 要件は
空間のトポロジーから決まるのものではないことを示している。一方，つぎのセル
複体は，いかなるセル分割も CW 条件をみたさない。

◆ **例 2.21** 半径が 0 に近づく円周の族 $\{\mathbb{S}_i^1 \,;\, i \in \mathbb{N}\}$ を考える。各 $\mathbb{S}_i^1$ に基点を指定し，基点とその他の部分というセル分割をあたえる。各円周の基点を同一視する 1 点和を**ハワイアンイヤリング**（図 2.6）とよび，E で表す。同一視された基点を c_0 とすると，c_0 の補空間が 1-セルからなるとみなすことにより E には自然なセル複体 (X, K) の構造が入る。(E, K) は閉包有限条件をみたす。しかし，各 $\mathbb{S}_i^1$ の基点の対蹠点を x_n とすると，$A = \{x_i \,;\, i \in \mathbb{N}\}$ は弱位相条件をみたさない。この事実を理解すれば，E のいかなるセル分割も弱位相条件をみたさないことは容易に分かる。

図 **2.6** ハワイアンイヤリング

[**コメント 2.22**]　次章で定義する C^∞-級多様体は CW 複体としての構造をもつ。より一般の 2.3.4 項で定義する位相多様体は，自身がセル分割可能とは限らないが，CW 複体のホモトピー型をもつことが知られている（[17] 4.1 節を参照）。したがって，多様体のホモトピー型を論じる際には，CW 複体と仮定して議論しても差し支えない。

◆ **例 2.23**　CW 複体 (X, K) の**オイラー標数**は，K のセルの個数が有限のとき，q-セルの個数を k_q とし，

$$\sum_q (-1)^q \, k_q$$

で定義される。つぎの項でオイラー標数がセル複体としてのセル分割のとり方によらないことを示す。それゆえ，X のオイラー標数は分割を明記せず $\chi(X)$ で表す。とくにオイラー標数は CW 複体の構造をもつ位相空間のホモトピー不変量である。たとえば例 2.19 により

$$\chi(\mathbb{S}^n) = \begin{cases} 0 & (n \text{ が奇数のとき}) \\ 2 & (n \text{ が偶数のとき}) \end{cases}$$

である。

　ここで，CW 複体 X, Y の間の射 $f : X \to Y$ として，階層を保つ連続写像，すなわち任意の $q \geq 0$ に対して $f(X^{(q)}) \subset Y^{(q)}$ をみたす写像を考える。このとき CW 複体とその間の階層を保つ写像の対は圏をなすことが確かめられ，これを CW で表す。CW とホモトピー論を連接的に結びつけるのは以下の命題である。

◇ **命題 2.24**　CW 複体の間の任意の連続写像は，階層を保つ写像にホモトピックである。

◇ **命題 2.25**　CW 複体の間の階層を保つホモトピックな写像は，階層を保つホモトピーで結ばれる。

　これらの命題の証明は CW 複体に慣れればルーチンであり，詳細は拙著 [34] の 1.5 節に譲りたい。そこでの議論はセルの個数が有限の有限セル複体を前提としているが，一般の CW 複体でも位相に関するケアを加えれば同じ議論が有効である。

2.2　ホモトピー群

2.2.1　定義

　X を弧状連結な位相空間とする。ここでは，自然数 q に対し X の q 次ホモトピー群 $\pi_q(X)$ を定義する。いくつかの準備が必要である。まず X に基点 x_0 を指定する。ホモトピー群の定義には基点を用いるが，後にホモトピー群の群としての構造は基点のとり方によらないことが分かるので，最初からホモトピー群を表す記号 $\pi_q(X)$ には x_0 を含めないでおく。

　単位区間を $I = [0, 1]$ で表す。正の整数 $q \geq 1$ に対し，I^q から X への連続写像 $I^q \to X$ で，I^q の境界 ∂I^q への制限が x_0 への定値写像であるものの集合を $\mathcal{M}_q(X, x_0)$ で表す。$f, g \in \mathcal{M}_q(X, x_0)$ に対し，f と g の結合 $f \cdot g$ を

$$f \cdot g = \begin{cases} f(2t_1, t_2, \ldots, t_q) & (t_1 \leq 1/2 \text{ のとき}) \\ g(2t_1 - 1, t_2, \ldots, t_q) & (t_1 \geq 1/2 \text{ のとき}) \end{cases}$$

で定義する。すなわち，f, g の定義域である I^q の最初のパラメータを半分に縮めて I^q を二つ並べ，合わせて I^q とみなしたときに f と g を並べてえられる写像が $f \cdot g$ である（図 2.7）。

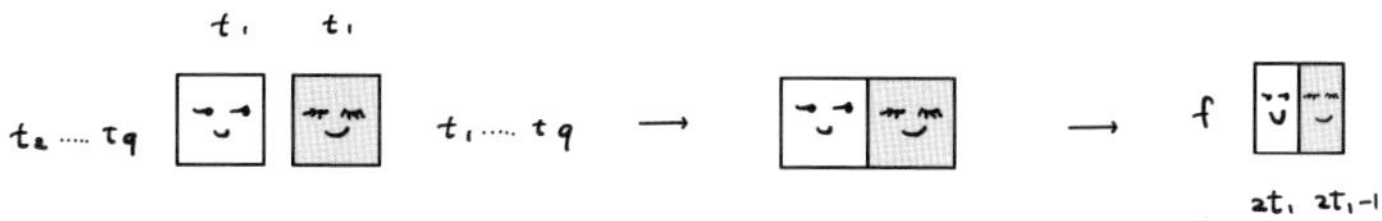

図 2.7 ホモトピーの結合

$\mathcal{M}_q(X, x_0)$ は結合 · により半群の構造が入る。$\mathcal{M}_q(X, x_0)$ では基点を固定するホモトピー $\sim$ が同値関係であることが確かめられる。さらに

◇ **命題 2.26** 結合 · は同値関係 $\sim$ による商集合 $\mathcal{M}_q(X, x_0)/\sim$ の上に群構造を定義する。群の代数的構造は基点 x_0 のとり方によらない。

が分かる。そこで

◆ **定義 2.27** $\mathcal{M}_q(X, x_0)/\sim$ に結合 · が誘導する積構造を付随させ，X の q 次ホモトピー群とよび $\pi_q(X)$ で表す。

位相空間 X, Y の間の連続写像 $f : X \to Y$ に対し，∂I^q 上は定値写像である I^q から X への写像と f を合成すると ∂I^q 上は定値写像である I^q から Y への写像となり，この対応が $\pi_q(X)$ から $\pi_q(Y)$ への誘導準同型

$$f_* : \pi_q(X) \to \pi_q(Y)$$

を導く。さらに $g : Y \to Z$ との合成 $g \circ f : X \to Z$ について，

$$(g \circ f)_* = g_* \circ f_*$$

であること，および $\mathrm{id}_* = \mathrm{id}$ であることが分かり，

◇ **命題 2.28** 位相空間 X からホモトピー群 $\pi_q(X)$ への対応 π_q は，Top から Grp への共変関手である。

さらに，

◇ **補題 2.29** $f, g : X \to Y$ がホモトピックであれば，$f_* = g_*$.

も容易に分かる。とくに

◇ **系 2.30**　ホモトピー同値はホモトピー群の間の同型写像を誘導する。

証明　X, Y をホモトピー同値な位相空間とし, $f : X \to Y$ をホモトピー同値写像, $g : Y \to X$ を f のホモトピー逆写像とする。$g \circ f \simeq \mathrm{id}_X$ より $g_* \circ f_* : \pi_q(X) \to \pi_q(X)$ は恒等写像, また $f \circ g \simeq \mathrm{id}_Y$ より $f_* \circ g_* : \pi_q(Y) \to \pi_q(Y)$ は恒等写像, これより結論がしたがう。　　　　　　　　　　　　　　　　　□

　したがって, ホモトピー群は位相同型類の不変量ではあるが, より精密にはホモトピー不変量である。しかしながら, ポアンカレ予想が示唆するようにホモトピー同値はかなり詳細な情報を取り込んでいる。

[**コメント 2.31**]　弧状連結とは限らない位相空間 X に対しては, ホモトピー群からは基点を含む弧状連結成分の情報しかえられない。しかし基点のとり方, あるいは同値であるが弧状連結成分のとり方を, $I^0 = \{0\}$ からの写像のホモトピー類の集合とみなして $\pi_0(X)$ とすることは自然であり, 形式的にも都合がよい。ただし $\pi_0(X)$ は自然な群構造がないことには注意が必要である。

2.2.2　高次ホモトピー群と基本群

　ホモトピー群 $\pi_q(X)$ は, $q = 1$ の場合と $q \geq 2$ の場合で大きな違いがある。

◇ **命題 2.32**　$\pi_q(X)$ は $q \geq 2$ のとき可換群である。

証明　定義域を図 2.8 にしたがってホモトピー変形すればよい。　　　　□

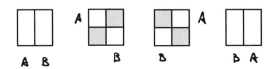

図 **2.8**　可換性

◆ **例 2.33**　n 次元球面 $\mathbb{S}^n = \{\boldsymbol{x} \in \mathbb{R}^{n+1}; \|\boldsymbol{x}\| = 1\}$ の n 次以下のホモトピー群は, 群が同型であることを $\cong$ で表すと

$$\pi_q(\mathbb{S}^n) \cong \begin{cases} 0 & (q < n) \\ \mathbb{Z} & (q = n) \end{cases}$$

であることが，例 2.19 の球面の CW 構造を用いて $\mathbb{S}^q$ からの連続写像を階層を保つ写像にホモトピーで変形することにより直ちに分かる。

$q > n$ の場合は事情は複雑になる。$n = 1$ のときは，$q > 1$ ですべて自明であることが被覆空間の理論（たとえば [17] 1.3 節，[34] 第 4 章を参照）により分かる。しかしこれが唯一の例外で，$n \geq 2$ の場合は，たとえば n が偶数で $q = 2n - 1$ のときは $\mathbb{Z}$ を直和成分にもち，それ以外はすべて有限群であることが知られているが，具体的な群構造は未知の部分が多い。ちなみに $\pi_3(\mathbb{S}^2) \cong \mathbb{Z}$ の生成元は

$$\mathbb{S}^3 = \{(z, w) \in \mathbb{C}^2 \,;\, |z|^2 + |w|^2 = 1\} \to \mathbb{CP}^1 \approx \mathbb{S}^2$$

$$(z, w) \mapsto [z : w]$$

で定義される**ホップ写像**により実現される。ここで**複素射影直線** $\mathbb{CP}^1$ の点は同次座標で表している。

◆ **定義 2.34**   連続写像 $f : \mathbb{S}^n \to \mathbb{S}^n$ が n 次ホモトピー群 $\pi_n(\mathbb{S}^n) \cong \mathbb{Z}$ 上に誘導する写像 f_* は準同型なので，f により定まるある整数 d で

$$f_*(k) = dk$$

と表される。この d を f の**写像度**とよび $\deg f$ で表す。

◆ **例 2.35**   位相空間 X の懸垂 ΣX および位相空間 X, Y の間の連続写像 $f : X \to Y$ の懸垂 $\Sigma f : \Sigma X \to \Sigma Y$ を定義する。X の懸垂は，$X \times [0, 1]$ において $X \times \{0\}$ と $X \times \{1\}$ をそれぞれ 1 点に同一視した空間である（図 2.9）。f の**懸垂**は，$\tilde{f}(x, t) = (f(x), t)$ で定義される写像 $\tilde{f} : X \times [0, 1] \to Y \times [0, 1]$ が懸垂上に誘導する連続写像である。懸垂 Σ は **Top** から **Top** 自身への共変関手である。

懸垂はつぎの意味でホモトピー群と相性が良い。$\pi_q(X)$ の要素を実現する写像 $g : \mathbb{S}^q \to X$ に対して，懸垂 $\Sigma g : \Sigma \mathbb{S}^q \approx \mathbb{S}^{q+1} \to \Sigma X$ を指定する対応は，写像

$$\Sigma_* : \pi_q(X) \to \pi_{q+1}(\Sigma X)$$

を導く。X を CW 複体としたとき，つぎのフロイデンタル（H. Freudenthal）の懸垂定理（たとえば [17] 参照）が知られている。

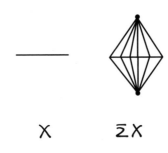

$$X \qquad \Sigma X$$

図 2.9　懸垂

◇ **定理 2.36（フロイデンタル）** X を CW 複体とする。任意の $r < n$ に対して $\pi_r(X) = 0$ であれば，$q < 2n - 1$ に対し

$$\Sigma_* : \pi_q(X) \to \pi_{q+1}(\Sigma X)$$

は同型，

$$\Sigma_* : \pi_{2n-1}(X) \to \pi_{2n}(\Sigma X)$$

は全射である。

◆ **例 2.37** $\mathbb{S}^n$ は定理 2.36 の仮定をみたす。$n = 1$ のときは

$$\Sigma_* : \pi_1(\mathbb{S}^1) \cong \mathbb{Z} \to \pi_2(\mathbb{S}^2) \cong \mathbb{Z}$$

が全射であることを主張するが，$\mathbb{Z}$ から $\mathbb{Z}$ への全射は同型である。これと $n \geq 2$ の場合の帰結を合わせると，任意の $n \geq 1$ に対して

$$\Sigma_* : \pi_n(\mathbb{S}^n) \cong \mathbb{Z} \to \pi_{n+1}(\mathbb{S}^{n+1}) \cong \mathbb{Z}$$

は同型である。

◆ **例 2.38** 一般に，連続写像 $f : X \to Y$ に対して以下の図式は可換であることは容易に分かる。

$$
\begin{array}{ccc}
\pi_q(X) & \xrightarrow{\ f_* \ } & \pi_q(Y) \\
\Sigma_* \downarrow & & \downarrow \Sigma_* \\
\pi_{q+1}(\Sigma X) & \xrightarrow[(\Sigma f)_*]{} & \pi_{q+1}(\Sigma Y)
\end{array}
$$

この事実を $f(e^{2\pi i\theta}) = e^{2\pi id\theta}$ で表される $\deg f = d$ の $\mathbb{S}^1 = \{z \in \mathbb{C} ; |z| = 1\}$ から自身への写像に反復適用すると,

$$\Sigma^{n-1}f : \Sigma^{n-1}\mathbb{S}^1 (\approx \mathbb{S}^n) \to \Sigma^{n-1}\mathbb{S}^1 (\approx \mathbb{S}^n)$$

の写像度は d であることが分かる。したがって任意の $n \geq 1$ に対して,任意の整数 $d \in \mathbb{Z}$ が n 次元球面 $\mathbb{S}^n$ から自身への写像度として実現できる。

$q = 1$ の場合のホモトピー群は一般には非可換で,ポアンカレが先鞭をつけたという歴史的な背景もあり,特別に扱い,**基本群**あるいは**ポアンカレ群**とよばれている。基本群の群構造は多様である。一般に非可換群を表示するのは容易ではないが,たとえば群のクラスを**有限表示群**,すなわち有限個の生成元集合 $\mathcal{S} = \{s_1, s_2, \ldots, s_k\}$ と有限個の関係子の集合 $\mathcal{R} = \{r_1, r_2, \ldots, r_l\}$ で

$$G = \langle \mathcal{S} \,|\, \mathcal{R} \rangle$$

と表示できる群は取り扱いやすい。ここで G は $\mathcal{S}$ で生成される自由群を $\mathcal{R}$ が生成する部分群 $\langle \mathcal{R} \rangle$ を含む最小の正規部分群（$\mathcal{R}$ の**正規閉包**とよぶ）で割った群である。

◆ 例 2.39 群表示では生成元の集合を $\mathcal{S}$,また関係子の集合を $\mathcal{R}$ で表すが,それぞれの要素をそのまま羅列する表記も標準的で,たとえば有限巡回群 $\mathbb{Z}/n\mathbb{Z}$ の場合

$$\langle a \,|\, a^n \rangle$$

という表示がある。$\mathbb{Z}/n\mathbb{Z}$ の異なる表示を求めるのは,記法に慣れる上で格好の演習問題である。

位相空間の特別なクラスとして,位相多様体を定義する。

◆ 定義 2.40 ハウスドルフ空間 N が n 次元**位相多様体**であるとは,N の各点 $x \in N$ に対して,x の開近傍 U と $\mathbb{R}^n$ の像への位相同型 $\varphi : U \to \varphi(U) \subset \mathbb{R}^n$ が存在するときとする。φ を x の**局所座標（チャート）**とよぶ。

✔ 注意 2.41 位相多様体 N の任意の点 $x \in N$ は,定義により開球体と位相同型な近傍をもつ。したがって,任意の 2 点 $x, y \in N$ に対し,x から y への対応は近傍の間の位相同型に拡張する。つまり各点が近傍の形状では区別されないという等質性をもつ。

　閉曲面や球面 $\mathbb{S}^n$ は位相多様体である。多様体は等質性ゆえ基本群の構造には各種の制限が生じそうである。しかし次元が 4 以上のときには制約はなく，

◇ **命題 2.42**　$n \geq 4$ とする。任意の有限表示群 G に対して，n 次元閉多様体 N で $\pi_1(N) \cong G$ となるものが存在する。

証明のスケッチ　G を有限表示群とする。生成元の個数を k とし，k 個の $\mathbb{S}^1$ の 1 点和 B を考える。各 $\mathbb{S}^1$ には生成元によるラベルが付されているとし，各関係子 r_j に対して，2 次元円板 $\mathbb{D}^2$ の境界 $\partial \mathbb{D}^2 = \mathbb{S}^1$ から関係子に沿った B への写像 f_j，より厳密に，関係子の長さが k のとき $[0,1]$ を k 等分して各区分を対応する $\mathbb{S}^1$ に等速度で写す写像を考える。交わりのない和 $(\bigsqcup_j \mathbb{D}_j^2) \sqcup B$ において $x \in \partial \mathbb{D}_j^2$ と $f_j(x) \in B$ を同一視してえられるコンパクト空間を K とする（図 2.10 参照）。K は 2.1.3 項で解説した CW 複体の一例であり，$\pi_1(K) \cong G$ となることは CW 複体の性質から容易に分かる（[34] 3.4 節を参照）。

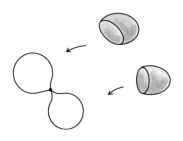

図 2.10　K

CW 複体の都合の良い性質を利用した N の構成のステップを記す。

1. K を，CW 複体の構造が $\mathbb{R}^{n+1}$ の CW 複体構造に拡張するように $\mathbb{R}^{n+1}$ に埋め込む．

2. $K \subset \mathbb{R}^{n+1}$ には，K に変位レトラクトがある（**正則近傍**とよばれる）閉近傍 $V(K)$ が存在する。

3. $N = \partial V(K)$ とおくと $\pi_1(N) \cong \pi_1(K)$ である。

　最初のステップは，PL 圏での一般の位置の理論による。この理論は C^∞-級圏での横断性に対応し，詳細は組合せ位相幾何の教科書である [22] あるいは [25] を参照されたい。$\mathbb{S}^1$ の 1 点和 B を 2 次元以上のユークリッド空間に埋め込むことがで

きるのは明らかだろう。$\mathbb{D}_j^2$ を埋め込むには，$\dim \mathbb{D}^2 = 2$ であることを頭に入れて，境界の近辺を埋め込むのに1点和をとるところを考慮すると4次元，さらに内部が自己交差をもたないようにするには $2+2+1 = 5$ 次元が必要になる。

　2番目のステップは，貼り付け写像 f_j を適当に選び，K の CW 複体構造は細分すれば単体複体がえられることに注意し，部分多様体の管状近傍の類似である部分単体複体の正則近傍の一般論にしたがえばよい。

　最後のステップは再度一般の位置と次元による。次元の余裕 $5 > 2 + 2$ を使って任意の K 上のループをホモトピーで $V(K) \setminus K$ に押し込む。さらに，変位レトラクト $r : V(K) \to K$ の逆を使って $V \setminus K$ を $\partial V(K) = N$ に押し込む写像は，r の N への制限が誘導する $(r|_N)_* : \pi_1(N) \to \pi_1(K)$ の逆写像を定義する。　　　□

　3次元までの多様体の基本群には大きな制限がある。$n = 1$ のとき基本群として実現されるのは自明な群か無限巡回群 $\mathbb{Z}$。$n = 2$ のときに実現される群は**曲面群**とよばれ，興味深いが，群の中ではごくごく特殊なクラスである。

◆ **例 2.43**　3次元多様体の基本群になりえない群は多様にある。たとえば以下の群は3次元多様体の基本群の部分群になりえない。いずれも説明が必要だが，ここでは事実のみ記す。

- 階数が4以上の自由アーベル群を含む群。
- 4次直交群 O(4) の有限部分群とは同型でない有限群。
- 指数有限の部分群をもたない群。

3次元多様体群については [3] に豊富な情報がある。

◆ **定義 2.44**　位相空間 X は，$\pi_1(X) = 1$ のとき**単連結**という。ここで右辺の1は，単位元のみからなる群を表す。基本群は一般に非可換なので0ではなく1を用いるのが習慣である。

◆ **例 2.45**　例 2.33 より，球面 $\mathbb{S}^n$ は $n \geq 2$ のとき単連結である。

2.2.3　ポアンカレ球面

　本項は，ポアンカレが提示した予想 1.4 の反例を現代流に構成するのが目標である。そのため，群作用の一般論から始める。**位相群**とは，群であり，同時に位相空間としてのトポロジーをもち，群演算が連続であるものとする。

◆ **定義 2.46**　群 G の位相空間 X への**作用**とは，連続準同型

$$\varphi : G \to \operatorname{Homeo} X$$

のことである。ここで $\operatorname{Homeo} X$ は，X の自己位相同型全体の集合にコンパクト開位相をあたえた位相群である。同じ記号 φ を用いて，

$$\varphi : G \times X \to X$$

が**作用**であるとは，

1. φ は連続で，任意の $g \in G$ に対して $\varphi(g, \cdot) \in \operatorname{Homeo} X$,
2. 任意の $g, h \in G$ と $a \in X$ に対して

$$\varphi(gh, a) = \varphi(g, \varphi(h, a)),$$

3. e を G の単位元とすると，任意の $a \in X$ に対して $\varphi(e, a) = a$.

の 3 条件が成立するときとも定義できる。両定義が同値であることを確かめるのは簡単な演習問題である。以降は記号を単純にするため，暗黙の了解として φ を省略し，

$$\varphi(g, a) = g \cdot a \quad \text{あるいは単に} \quad ga$$

で表す。

　X に G が作用するとする。$a, b \in X$ に対し $ga = b$ をみたすような $g \in G$ が存在するとき $a \sim b$ とすると，$\sim$ は同値関係になる。この同値類を**軌道**，軌道類の集合に商位相をあたえた空間を**軌道空間**とよび X/G で表す。

　作用 $\varphi : G \to \operatorname{Homeo} X$ は，φ が単射のとき**効果的**，さらに，ある $x \in X$ について $gx = x$ であれば $g = e$ のとき**自由**であるという。自由ならば効果的であることは定義から直ちにしたがう。また，任意のコンパクト集合 $K \subset X$ に対して

$$\#\{g \in G \,;\, g(K) \cap K \neq \emptyset\} < \infty$$

のとき，作用は**固有不連続**という。

◇ **定理 2.47**　X を単連結な局所コンパクトハウスドルフ空間，G を X に固有不連続かつ自由に作用する群とする。このとき $\pi_1(X/G) \cong G$.

証明 証明は被覆空間の理論を使う。詳細は，たとえば [17] 1.3 節，[34] 第 4 章，あるいは [62] 7.4 節を参照されたい。

まず作用が固有不連続であることから，各点 $x \in X$ の開近傍 $U_x \subset N$ で，任意の単位元ではない $g \in G$ に対して $g(U_x) \cap U_x = \emptyset$ となるものがとれる。したがって，$\pi : X \to X/G$ により U_x は $\pi(x)$ の開近傍に位相同型に射影される。さらに，$\pi^{-1}(\pi(U_x))$ は交わりのない和 $\bigsqcup_{g \in G} g(U_x)$ であり，$\pi : X \to X/G$ は被覆である。さらに，X に基点 x_0 を指定すると，G は $\pi^{-1}(x_0)$ に自由かつ推移的，すなわち各点 $x \in \pi^{-1}(x_0)$ に対し，$gx_0 = x$ をみたす $g \in G$ が一意的に存在するように作用する。したがって G は被覆 $\pi : X \to X/G$ の被覆変換群として X に作用している。

一方，連結かつ単連結な X に被覆される空間 X/G の基本群はその被覆変換群に同型である。この事実は，被覆空間理論の一つの核心であり，証明の冒頭に挙げた参考文献を参照されたい。 □

◆**例 2.48** $\mathbb{R}$ 上の $\mathbb{Z}$ の作用を，$x \in \mathbb{R}$ および $n \in \mathbb{Z}$ に対し

$$n \cdot x = x + n$$

で定義すると，固有不連続かつ自由である。したがって，その商である $\mathbb{R}/\mathbb{Z} \approx \mathbb{S}^1$ の基本群は $\mathbb{Z}$ に同型である。

G への X への作用が，固有不連続であるが自由ではないとき，この作用の固定点の集合が疎集合であれば，この作用は基本領域をもつことが知られている（『岩波数学辞典 第 3 版』366B）。ここで，X の部分集合 A について，A の閉包の補空間 $X - \overline{A}$ が X において稠密であるとき，A は**疎集合**であるという。

ポアンカレが [53] で提示した予想 1.4 に対する反例を現代的に構成するため，正多面体について解説する。まず**凸多面体**とは，3 次元線形空間 $\mathbb{R}^3$ 内の有限個の半空間の有界な共通部分として表される部分空間とする。ここで，$\mathbb{R}^3$ の 2 次元線形部分空間を平行移動した空間を**平面**とよび，$\mathbb{R}^3$ を平面で分割した一方の領域の閉包を**半空間**（図 2.11 左）という。

正多面体（図 2.11 右）は，各面が合同な正多角形からなり，各頂点に集まる面の個数が一定の凸多面体として定義される。正多面体は，ユークリッド対称性をもつ。対称性は，多面体の重心を $\mathbb{E}^3$ の原点に置くことにより $\mathbb{E}^3$ の原点を動かさない直交変換で $\mathbb{E}^3$ の向きを保つものからなる 3 次特殊直交群

$$\mathrm{SO}(3) = \{ A \in M(3, \mathbb{R}) \,;\, {}^t A A = I, \det A = 1 \}$$

図 **2.11**　半空間と凸多面体

の有限部分群で表現される。ここで $M(3, \mathbb{R})$ は実係数の 3×3 行列全体からなる集合である。正多面体は正 4, 6, 8, 12, 20 面体の 5 種類あるが（図 2.12），頂点を面，辺を辺，面を頂点に対応させる双対対応から対称性を表す群は本質的には 3 種類で，正四面体群，正六面体群 $\cong$ 正八面体群，正十二面体群 $\cong$ 正二十面体群からなる。

図 **2.12**　正多面体

◆ 例 **2.49**（正二十面体群）　正二十面体の面は 20 個の正三角形からなり，一つの頂点に五つの面が集まる。一頂点の周りの様子は図 2.13 で記される。正二十面体群は，つぎの三つの 3 次元空間の回転で生成される。すなわち面の一つの三角形に注目して，その頂点と $\mathbb{E}^3$ の原点を通る直線を軸とする反時計回りの $2\pi/5$ 回転 $\tilde{c}$ で位数は 5，三角形の重心と原点を通る直線を軸とする反時計回りの $2\pi/3$ 回転 $\tilde{b}$ で位数は 3，辺の中点と原点を通る直線を軸とする π 回転 $\tilde{a}$ で位数は 2 である。

図 **2.13**　正二十面体の対称性の生成元

正二十面体群の構造を調べるには，$\mathbb{E}^3$ の単位球面 $\mathbb{S}^2$ 上の三つの回転 $\tilde{a}, \tilde{b}, \tilde{c}$ の中心を頂点とする球面三角形 $\Delta_{2,3,5}$（図 2.14）の鏡映変換群，すなわち辺を延長した大円に関する $\mathbb{S}^2$ の鏡映で生成される群を考えるのが得策である。以降で解説する鏡映変換群の詳細については [35] 第 4 章を参照されたい。

図 **2.14** $\Delta_{2,3,5}$

回転の位数が i と j である頂点を結ぶ辺に関する $\mathbb{S}^2$ の鏡映変換を R_{ij} で表すと，鏡映変換群（コクセター群）の理論から R_{23}, R_{35}, R_{25} が生成する鏡映変換群 $R_{2,3,5}$ は

$$\langle R_{23}, R_{35}, R_{25} \mid R_{23}^2, R_{35}^2, R_{25}^2, (R_{25}R_{23})^2, (R_{23}R_{35})^3, (R_{35}R_{25})^5 \rangle \qquad (2.2)$$

で表示される。鏡映面が交わる二つの鏡映の合成は，それぞれの鏡映面の $\mathbb{S}^2$ 上の交点における角度を θ とするとき，交点に関する 2θ の回転になる（図 2.15）。とくに，

$$\tilde{a} = R_{25}R_{23}, \quad \tilde{b} = R_{23}R_{35}, \quad \tilde{c} = R_{35}R_{25}$$

である。表示 (2.2) の後ろの三つの関係子は，$\tilde{a}, \tilde{b}, \tilde{c}$ の位数からしたがう。

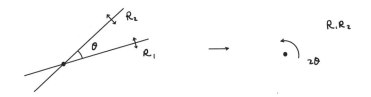

図 **2.15** 鏡映の合成は回転

$R_{2,3,5}$ の位数が 120 であることは，$R_{2,3,5}$ が $\mathbb{S}^2$ に固有不連続に作用し，その基本領域を $\Delta_{2,3,5}$ にとることができるから，$\mathrm{Area}\,\mathbb{S}^2 = 4\pi$ と，球面上の多角形の面

積に関するガウス・ボンネの定理が導く

$$\text{Area}\,\Delta_{2,3,5} = \pi\left(\frac{1}{2} + \frac{1}{3} + \frac{1}{5} - 1\right) = \frac{\pi}{30}$$

を比較すれば分かる。正二十面体群 Γ' は $R_{2,3,5}$ の向きを保つ変換からなる指数 2 の部分群で，

$$\Gamma' = \langle \tilde{a},\, \tilde{b},\, \tilde{c}\,|\,\tilde{a}^2,\, \tilde{b}^3,\, \tilde{c}^5,\, \tilde{a}\tilde{b}\tilde{c}\rangle$$

という表示をもち，位数は 60 である。最後の関係子は，$R_{2,3,5}$ の最初の三つの関係子より $\tilde{a}\tilde{b}\tilde{c} = R_{25}R_{23}R_{23}R_{35}R_{35}R_{25} = 1$ であることからしたがう。

◆ **例 2.50（ポアンカレ球面）**　3 次元球面 $\mathbb{S}^3 \subset \mathbb{R}^4$ は単連結である。$\mathbb{R}^4$ を，積構造をもつ四元数体

$$\mathbf{H} = \{x + iy + jz + kw\,;\, x, y, z, w \in \mathbb{R}\}$$

ただし $i^2 = j^2 = k^2 = -1, ij = -ji = k, jk = -kj = i, ki = -ik = j$，と同一視すると，$\mathbb{S}^3$ は $\mathbf{H}$ の乗法群の部分群になり，非可換な C^∞-級の積が定義され，**リー群**すなわち群演算が C^∞-級の位相群になる。この群は通常 $\mathrm{Sp}(1)$ で表されるが，$\mathrm{SO}(3)$ の二重普遍被覆である 3 次**スピン群** $\mathrm{Spin}(3)$ と同型で，さらに 2 次特殊ユニタリ群

$$\mathrm{SU}(2) = \{A \in M(2, \mathbb{C})\,;\, {}^t\bar{A}A = I, \det A = 1\}$$

とも同型である。完全列

$$0 \to \mathbb{Z}/2\mathbb{Z} \to \mathbb{S}^3 \cong \mathrm{Spin}(3) \to \mathrm{SO}(3) \to 1$$

を考えると，$\mathrm{SO}(3)$ の中の正二十面体群 Γ' の $\mathbb{S}^3 \cong \mathrm{Spin}(3)$ への逆像 Γ は，位数 120 の群であり，

$$\Gamma = \langle a, b, c\,|\,a^2 = b^3 = c^5 = abc\rangle$$

という表示をもつ。Γ は，$\mathrm{O}(3)$ の位数 120 の部分群 $R_{2,3,5}$ からスタートし，位数 60 の部分群 $\Gamma' = \Gamma \cap \mathrm{SO}(3)$ をとり，Γ' の $\mathbb{S}^3 \cong \mathrm{Spin}(3)$ への逆像として定義したが，位数 120 の群ではあるが $\mathrm{O}(3)$ の部分群ではなく，$R_{2,3,5}$ と同型ではないことを注意しておく。

$\mathbb{S}^3$ の群構造を利用して，各 $\gamma \in \Gamma$ に対し $x \in \mathbb{S}^3$ を $\gamma x \in \mathbb{S}^3$ に左移動する自由な作用がえられる。作用の固有不連続性は Γ が有限群であることから明らか。し

たがって $\mathbb{S}^3/\Gamma$ は基本群が Γ と同型な 3 次元多様体である．これがポアンカレが
[53] で記した多様体であり，**ポアンカレ球面**とよばれ，基本群 Γ が非自明のため
$\mathbb{S}^3$ と位相同型ではない．

　なお，Γ は $\mathbb{S}^3 \subset \mathbb{R}^4$ に向きを保つ直交変換として作用するので，$\Gamma < \mathrm{SO}(4)$ でも
ある．$\mathrm{SO}(4) \cong \mathbb{S}^3 \times_{\mathbb{Z}/2\mathbb{Z}} \mathbb{S}^3$ であり，$\mathbb{Z}/2\mathbb{Z}$ は各 $\mathbb{S}^3$ の中心を同一視する．$\Gamma < \mathbb{S}^3$
は $\mathrm{SO}(4)$ に対角線的に埋め込まれている．

　$\mathbb{S}^3/\Gamma$ が予想 1.4 の反例であるが，実際反例になっていること，すなわちホモロ
ジー群が $\mathbb{S}^3$ と同型であることは，ホモロジー群を定義したのち 2.3.4 項で解説する．

2.2.4　相対ホモトピー群

　X を弧状連結な位相空間，A をその弧状連結な部分空間とし，A 上に基点
x_0 を指定する．$\partial I^q \setminus (\{0\} \times I^{q-1})$ の閉包を J^{q-1} で表す．位相空間の三つ組
$(I^q, \partial I^q, J^{q-1})$ から (X, A, x_0) への連続写像 $I^q \to X$ の集合を $\mathcal{M}_q(X, A, x_0)$ で
表し，$f, g \in \mathcal{M}_q(X, A, x_0)$ に対し，f と g の結合 $f \cdot g$ を

$$f \cdot g = \begin{cases} f(2t_1, t_2, \ldots, t_q) & (t_1 \leq 1/2 \text{ のとき}) \\ g(2t_1 - 1, t_2, \ldots, t_q) & (t_1 \geq 1/2 \text{ のとき}) \end{cases}$$

で定義する（図 2.16）．

図 2.16　結合

　絶対的なホモトピー群の場合と同様に，$\mathcal{M}_q(X, A, x_0)$ には結合 $\cdot$ により半群の
構造が入る．$\mathcal{M}_q(X, A, x_0)$ では基点を固定するホモトピー $\sim$ が同値関係であるこ
とが確かめられる．さらに結合 $\cdot$ は同値関係 $\sim$ による商集合 $\mathcal{M}_q(X, A, x_0)/\sim$ の
上に群構造を定義する．群の代数構造は基点 x_0 のとり方によらない．そこで

◆ **定義 2.51** $\mathcal{M}_q(X, A, x_0)/\sim)$ に結合 $\cdot$ が誘導する積構造を付随させ，対 (X, A)

の q 次ホモトピー群とよび，$\pi_q(X, A)$ で表す。とくに $A = \{x_0\}$ のときは $\pi_q(X, A) = \pi_q(X)$ である。

空間対 (X, A) に対して，二つの包含写像

$$i : A \to X$$
$$j : X = (X, \emptyset) \to (X, A)$$

がある。さらに定義域を $\{0\} \times I^{q-1}$ に制限することによってえられるホモトピー群に誘導する写像を r_* とすると，

◇ **命題 2.52**　つぎの列

$$\cdots \to \pi_q(A) \xrightarrow{i_*} \pi_q(X) \xrightarrow{j_*} \pi_q(X, A) \xrightarrow{r_*} \pi_{q-1}(A) \to \cdots$$

は完全である。

ここで列が**完全**であるとは，各項で入る準同型の像と出ていく準同型の核が一致していることを意味する。たとえば $\pi_q(X)$ では

$$\mathrm{Im}\, i_* = \mathrm{Ker}\, j_*$$

ということである。この完全列は，空間対 (X, A) に対する**ホモトピー長完全列**とよばれている。

命題 2.52 の証明　[17] 4.1 節を参照されたい。　　　　　　　　　□

2.3 （コ）ホモロジー群

2.3.1　ホモロジー代数

ポアンカレが位置解析で理論展開した単体複体のホモトピー不変量はホモロジー群である。まず位相空間から離れて純代数的にホモロジー群を定義する。

チェイン複体とは，$q \in \mathbb{Z}$ により次数付けされた q 次チェイン加群とよぶ自由 $\mathbb{Z}$-加群 C_q と，その間の**境界作用素**とよぶ準同型 $\partial_q : C_q \to C_{q-1}$ の列

$$\cdots \to C_{q+1} \xrightarrow{\partial_{q+1}} C_q \xrightarrow{\partial_q} C_{q-1} \to \cdots$$

で，任意の $q \in \mathbb{Z}$ に対し

$$\partial_q \circ \partial_{q+1} = 0$$

がみたされるものである．以降チェイン複体を C で表す．すなわちチェイン複体 C とは，次数付きチェイン加群 $\{C_q\}$ と次数付き境界作用素 $\{\partial_q\}$ からなる組 $C = (\{C_q\}, \{\partial_q\})$ である．

C, C' をチェイン複体とする．各 q に対して加群の準同型 $\varphi_q : C_q \to C'_q$ があたえられ，

$$
\begin{array}{ccc}
C_q & \xrightarrow{\ \partial_q\ } & C_{q-1} \\
\varphi_q \downarrow & & \downarrow \varphi_{q-1} \\
C'_q & \xrightarrow[\ \partial'_q\ ]{} & C'_{q-1}
\end{array}
$$

が可換のとき，次数付き準同型 $\{\varphi_q\}$ を**チェイン準同型**といい，チェイン複体と同様に一つの記号 φ で表す．

チェイン複体を対象，チェイン準同型を射とする組を Kom とすると，

◇ **命題 2.53** Kom は圏である．

証明 [34] 5.2 節を参照． □

つぎに Kom から次数付き加群の圏へのホモロジーとよぶ関手を解説する．チェイン複体 C では，境界作用素を 2 回合成すると 0 になるので

$$\operatorname{Im} \partial_{q+1} \subset \operatorname{Ker} \partial_q$$

が成り立つ．そこで，

◆ **定義 2.54** チェイン複体 C の q 次ホモロジー群を，商群

$$H_q(C) = \operatorname{Ker} \partial_q / \operatorname{Im} \partial_{q+1}$$

で定義し，C の**ホモロジー群**を，これらをすべて直和した次数付き加群

$$H_*(C) = \bigoplus_q H_q(C)$$

とする．

　加群と準同型からなる圏を Mod と記したが，次数付き加群と次数付き準同型の圏を，本書では GMod と記すことにする。

　C, C' をチェイン複体，$\varphi : C \to C'$ をチェイン準同型とする。$\gamma \in H_*(C)$ を代表するチェイン群 C の元を c とすると，$\varphi(c)$ のホモロジー類は c のとり方によらず γ のみに依存することが分かる。そこで γ に対し $[\varphi(c)] \in H_*(C')$ を対応させる写像を

$$\varphi_* : H_*(C) \to H_*(C')$$

で表すと，φ_* は次数を保つ準同型であることが確かめられる。また

$$
\begin{array}{ccc}
C & \xrightarrow{\ \varphi\ } & C' \\
{\scriptstyle H_*}\downarrow & & \downarrow{\scriptstyle H_*} \\
H_*(C) & \xrightarrow[\varphi_*]{} & H_*(C')
\end{array}
$$

は可換である。さらに，

◇ **命題 2.55**　$\varphi : C \to C'$，$\varphi' : C' \to C''$ をチェイン複体の間のチェイン準同型とすると，

$$(\varphi' \circ \varphi)_* = \varphi'_* \circ \varphi_*$$

が成り立つ。

チェイン複体 C の自分自身への恒等チェイン準同型はホモロジー群の間の恒等写像を導くので，

◇ **系 2.56**　ホモロジーは，Kom から GMod への共変関手である。

　チェイン複体 C, C' の間の二つのチェイン準同型 $\varphi, \psi : C \to C'$ に対し，ホモトピーの代数版である**チェインホモトピー** $D = \{D_q : C_q \to C'_{q+1}\}$ とは，各 q に対して

$$\partial_{q+1} \circ D_q + D_{q-1} \circ \partial_q = \varphi - \psi$$

をみたす準同型のことである。チェインホモトピーで結ばれるチェイン準同型 φ, ψ は**チェインホモトピック**であるという。ホモロジー群はチェインホモトピー不変性をもつ。すなわち

◇ **命題 2.57**　$\varphi, \psi : C \to C'$ がチェインホモトピックであれば，誘導準同型 φ_*, ψ_* は写像として等しい。すなわち

$$\varphi_* = \psi_* : H_*(C) \to H_*(C')$$

である。

　ホモロジー群も相対版がある。単射チェイン準同型 $i: C' \to C$ があたえられているとして，$i(C')$ と C' を同一視する。C/C' が自由 $\mathbb{Z}$-加群であると仮定する。この条件は，**短完全列**

$$0 \to C' \xrightarrow{i} C \xrightarrow{j} C/C' \to 0 \qquad (2.3)$$

が**分解**すること，すなわち i の像が C の直和因子になることと同値である。短完全列 (2.3) が分解するとき，C の境界作用素 ∂ が C/C' 上のチェイン準同型を誘導することが確かめられる。したがって C/C' のホモロジー群が定義でき，これを $H_*(C/C')$ で表す。

◇ **命題 2.58**　短完全列 (2.3) が分解するとき，

$$\cdots \to H_q(C') \xrightarrow{i_*} H_q(C) \xrightarrow{j_*} H_q(C/C') \xrightarrow{\partial} H_{q-1}(C') \to \cdots \qquad (2.4)$$

は完全である。

　ここで ∂ は図式 (2.5) の右上から左下に矢印を辿る写像で，ホモロジーレベルで矛盾なく定義されることが確かめられる。

$$
\begin{array}{ccc}
C_q & \xrightarrow{\ j\ } & (C/C')_q \\
\partial \downarrow & & \\
C'_{q-1} & \xrightarrow{\ i\ } & C_{q-1}
\end{array}
\qquad (2.5)
$$

分解する短完全列 (2.3) からえられる完全列 (2.4) を**ホモロジー長完全列**という。完全性の証明は，たとえば [17] 2.1 節，あるいは [34] 5.2 節を参照されたい。

[コメント 2.59]　チェイン複体の短完全列が分解すれば，いつでもホモロジー群の長完全列がえられると記憶しておくとよい。

　つぎにホモロジーの双対であるコホモロジーについて解説する。C をチェイン複体とする。C_q から $\mathbb{Z}$ への準同型全体を

$$C^q = \mathrm{Hom}(C_q, \mathbb{Z})$$

とし，さらに余境界作用素 $\delta^q: C^q \to C^{q+1}$ を，$f \in C^q$ と $c \in C_{q+1}$ に対し

$$(\delta^q(f))(c) = f(\partial_{q+1}(c))$$

で定義する．境界作用素を 2 回合成すると 0 になるという性質から

$$\delta^{q+1} \circ \delta^q = 0$$

が分かる．そこで，$q \in \mathbb{Z}$ により次数付けされた $\mathbb{Z}$-加群 C^q を q 次コチェイン加群とよび，さらに，その間の余境界作用素の列

$$\cdots \to C^{q-1} \xrightarrow{\delta_{q-1}} C^q \xrightarrow{\delta_q} C^{q+1} \to \cdots$$

を C のコチェイン複体とよび，以降これを $\mathrm{Hom}(C)$ で表す．すなわちコチェイン複体 $\mathrm{Hom}(C)$ とは，次数付きコチェイン加群 $\{C^q\}$ と次数付き余境界作用素 $\{\delta^q\}$ からなる組 $\mathrm{Hom}(C) = \{\{C^q\}, \{\delta_q\}\}$ である．

C, C' をチェイン複体，$\varphi : C \to C'$ をチェイン準同型とする．このとき $\varphi_q : C_q \to C'_q$ の双対準同型 $\varphi^q : (C')^q \to C^q$ は，$c \in C_q$ と $f \in (C')^q$ に対し

$$(\varphi^q(f))(c) = f(\varphi_q(c))$$

で定義される．チェイン準同型とは写像の向きが反転していることに注意されたい．φ^q の次数をわたる組 $\varphi^* = \{\varphi^q\}$ はコチェイン準同型とよばれ，

$$
\begin{array}{ccc}
(C')^q & \xrightarrow{\ (\delta')^q\ } & (C')^{q+1} \\
\varphi^q \downarrow & & \downarrow \varphi^{q+1} \\
C^q & \xrightarrow[\delta^q]{} & C^{q+1}
\end{array}
$$

が可換になる．

チェイン複体の双対であるコチェイン複体と，その間のコチェイン準同型は圏 CoKom をなす．

◇ **命題 2.60**　チェイン複体とチェイン準同型の双対をとるという操作は，Kom から CoKom への反変関手である．

コチェイン複体では，余境界作用素を 2 回合成すると 0 になるので

$$\mathrm{Im}\,\delta^{q-1} \subset \mathrm{Ker}\,\delta^q$$

が成り立つ．そこで，

◆ **定義 2.61**　コチェイン複体 $\mathrm{Hom}(C)$ の q 次コホモロジー群を，商群

$$H^q(\mathrm{Hom}(C)) = \mathrm{Ker}\,\delta^q / \mathrm{Im}\,\delta^{q-1}$$

で定義し，C の**コホモロジー群**を，これらすべてを直積した次数付き加群

$$H^*(C) = \bigoplus_q H^q(\mathrm{Hom}(C))$$

として定義する。

　$\varphi : C \to C'$ をチェイン準同型とする。$\gamma \in H^*(C')$ を代表するコチェイン群 $\mathrm{Hom}(C')$ の元を f とすると，$f \circ \varphi$ のコホモロジー類は f のとり方によらず γ のみに依存することが分かる。そこで γ に対し $[f \circ \varphi] \in H^*(C)$ を対応させる写像を

$$\varphi^* : H^*(C') \to H^*(C)$$

で表すと，φ^* は次数を保つ準同型であることが確かめられる。また

$$
\begin{array}{ccc}
\mathrm{Hom}(C') & \xrightarrow{\ \cdot\,\circ\,\varphi\ } & \mathrm{Hom}(C) \\
{\scriptstyle H^*}\big\downarrow & & \big\downarrow{\scriptstyle H^*} \\
H^*(C') & \xrightarrow[\varphi^*]{} & H^*(C)
\end{array}
$$

は可換である。

◇ **命題 2.62**　$\varphi : C \to C',\, \varphi' : C' \to C''$ をチェイン複体の間のチェイン準同型とすると，

$$(\varphi' \circ \varphi)^* = \varphi^* \circ (\varphi')^*$$

が成り立つ。

を確かめることができる。さらにチェイン複体 C の自分自身への恒等チェイン準同型はコホモロジー群の間の恒等写像を導くので，

◇ **系 2.63**　コホモロジーは，Kom から GMod への反変関手である。

✔ **注意 2.64**　コホモロジーを定義する対象を CoKom とみなすと，コホモロジーは CoKom から GMod への共変関手である。ホモロジーとコホモロジーは互いに双対である。一方が主で他方が従というわけではなく，双対をとるという操作を 2 回繰り返せば元に戻るので，含む情報は基本的には同じである。

◇ **命題 2.65**　$\varphi, \psi : C \to C'$ がチェインホモトピックであれば, 誘導準同型 φ^*, ψ^* は写像として等しい. すなわち

$$\varphi^* = \psi^* : H^*(C') \to H^*(C)$$

である.

　コホモロジー群も相対版がある. 単射チェイン準同型 $i : C' \to C$ からえられるチェイン加群とチェイン準同型の短完全列

$$0 \to C' \xrightarrow{i} C \xrightarrow{j} C/C' \to 0$$

を出発点とする. これから双対をとることにより,

$$0 \to \mathrm{Hom}(C/C') \xrightarrow{j^\#} \mathrm{Hom}(C) \xrightarrow{i^\#} \mathrm{Hom}(C')$$

がえられる. C/C' が自由加群であれば, $i^\#$ が全射であり, 短完全列になる. したがって

◇ **命題 2.66**　C/C' が自由加群のとき,

$$\cdots \to H^q(C/C') \xrightarrow{j^*} H^q(C) \xrightarrow{i^*} H^q(C') \xrightarrow{\delta} H^{q+1}(C/C') \to \cdots$$

は長完全列である.

　ここで δ は図式 (2.6) の右上から左下に矢印を辿る写像で, コホモロジーレベルでは矛盾なく定義されることが確かめられる.

$$
\begin{array}{ccc}
C^q & \xrightarrow{j^\#} & (C')^q \\
\delta \downarrow & & \\
(C/C')^{q+1} & \xrightarrow{i^\#} & C^{q+1}
\end{array}
\qquad (2.6)
$$

　チェイン複体 C と, その双対コチェイン複体 $\mathrm{Hom}(C)$ の間の各次数ごとに定義されるクロネッカー積

$$(\, , \,) : C_q \otimes \mathrm{Hom}(C_q, \mathbb{Z}) \to \mathbb{Z}$$

は, ホモロジーとコホモロジーの間のクロネッカー積

$$(\, , \,) : H_q(C) \otimes H^q(\mathrm{Hom}(C)) \to \mathbb{Z}$$

を定義することが確かめられる. すなわち, クロネッカー積の値はホモロジー類およびコホモロジー類の代表元のとり方によらず一定である.

◇ **定理 2.67（普遍係数定理）**　$H_{q-1}(C)$ が自由加群のとき $\beta \in H^q(\mathrm{Hom}(C))$ に対し $(\ ,\beta) : H_q(C) \to \mathbb{Z}$ で定まる準同型を対応させる写像

$$H^q(\mathrm{Hom}(C)) \to \mathrm{Hom}(H_q(C), \mathbb{Z})$$

は，加群の同型である。

2.3.2　CW 複体の（コ）ホモロジー

　本項は CW 複体の（コ）ホモロジー理論を概観する。必要な詳細は [34] 第 5 章を参照していただきたい。CW 複体の圏は一般の位相空間の圏の真の部分である。最も一般的な特異ホモロジー論を論じるのがよいのだが，準備に多大な時間がかかること，および定義から直ちに計算できないことを考慮して，対象を CW 複体に絞る。CW 複体の構造を用いて定義されるチェイン複体から特異チェイン複体への自然な包含写像はチェイン準同型で，（コ）ホモロジー群で同型を導くことに注意しておく。

　(X,K) を CW 複体とする。各 n-セル c には特性写像 $e : \mathbb{D}^n \to X$ が付随している。$\mathbb{B}^n \subset \mathbb{D}^n$ の向きを固定し，c に，二通りありうる向きの $e|_{\mathbb{B}^n}$ が向きを保つ方をあたえ，$\langle c \rangle$ で表す。

　向き付きセルを用いて (X,K) のホモロジーを構成するため，q 次のチェイン加群を，K の向き付き q-セル $\{\langle c_j^q \rangle\}$ を生成元集合とする自由加群とする。すなわち形式的な $\mathbb{Z}$ 上の 1 次結合

$$\sum_j a_j \langle c_j^q \rangle \qquad (a_j \in \mathbb{Z})$$

の集まりで，これを $C_q(X,K)$ で表す。q-セルが存在しないときは $C_q(X,K) = 0$ とする。

　境界作用素の定義のため，まず C_{q+1} の生成元 $\langle c_j^{q+1} \rangle$ に対する値を定義する。$\langle c_j^{q+1} \rangle$ の特性写像 $e_j : \mathbb{D}^{q+1} \to X$ を境界に制限すると，q 次元球面からの写像

$$e_j|_{\partial \mathbb{D}^{q+1}} : \mathbb{S}^q \to X$$

がえられる。一方，$X^{(q)}$ の q-セル c_i^q に対して X^q から部分閉集合 $X^q \setminus c_i^q$ を 1 点に同一視してえられる商集合 $X^q/(X^q \setminus c_i^q)$ は q 次元球面と位相同型であり，かつ c_i^q にあたえられた向きが自然に付随する。したがって $e_j|_{\partial \mathbb{D}^{q+1}}$ と商写像を合成

することにより向き付き球面の間の連続写像

$$e_{ji} : \mathbb{S}^q \to X^{(q)}/(X^{(q)} \setminus c_i^q) \approx \mathbb{S}^q$$

がえられる。そこで $\langle c_j^{q+1} \rangle$ の境界作用素の値を

$$\partial_{q+1} \langle c_j^{q+1} \rangle = \sum_i \deg e_{ji} \langle c_i^q \rangle$$

により定義する。q-セルが存在しない場合は $\partial_{q+1} = 0$ とする。そして ∂_{q+1} を $C_{q+1}(X, K)$ 上に線形に拡張する。

◇ **命題 2.68**　$\{\partial_q\}$ は境界作用素である。すなわち，任意の $q \in \mathbb{Z}$ に対して

$$\partial_q \circ \partial_{q+1} = 0$$

が成り立つ。

　したがって $C(X, K) = \{\{C_q\}, \{\delta_q\}\}$ はチェイン複体になり，そのホモロジー群を $H_*(C(X, K))$ で表す。ここで定義したホモロジーはセル分割 K をフルに使っているが，実は分割によらないことが示せる。その前に，定義から直ちにえられる計算例を二つ記す。

◆ **例 2.69**　(X, K) を，弧状連結で K は 0-セルが一つからなるとする。このとき

$$H_0(C(X, K)) \cong \mathbb{Z}$$

であることは容易に確かめられる。より一般に，X の弧状連結成分の個数が k で，各弧状連結成分で 0-セルが一つであれば，$H_0(C(X, K))$ は階数 k の自由アーベル群である。ホモロジー群が CW 分割のとり方によらないことを先取りすれば，$H_0(C(X, K))$ は，X の弧状連結成分の個数を階数とする自由アーベル群である。

◆ **例 2.70**　例 2.19 であたえられた n 次元球面 $\mathbb{S}^n$ のセル分割 K を用いると，

$$H_q(C(\mathbb{S}^n, K)) = \begin{cases} \mathbb{Z} & (q = 0,\ n\ \text{のとき}) \\ 0 & (\text{その他}) \end{cases}$$

$n \geq 2$ の場合は計算は自明。$n = 1$ の場合も向きが相殺して $\partial_1 = 0$ なので，やはり直ちに分かる。

　命題 2.24 および命題 2.25 により，CW 複体の（コ）ホモロジー理論のホモトピー不変性がしたがう。すなわち，

◇ **定理 2.71** X, Y を CW 複体とする。X と Y の間にホモトピー同値 $f: X \to Y$ があれば，f は X と Y の（コ）ホモロジーの間の同型を誘導する。

証明 命題 2.24 により f をホモトピーで階層を保つ写像 f' に変形すれば，f' は CW 複体の（コ）ホモロジー間の写像を誘導する。異なる f とホモトピックな階層を保つ写像 f'' を選ぶと，命題 2.25 により f' と f'' は階層を保つ写像でホモトピック。したがって CW 複体のチェイン群レベルでチェインホモトピーがえられる。　□

　この定理を $X = Y$ で分割が異なる場合に適用すると，CW 複体の（コ）ホモロジーは分割のとり方によらないことが分かる。そこで以降は CW 複体のホモロジーの定義から分割 K の記号を取り除き，

$$H_q(X) = H_q(C(X, K))$$

で表すことにする。

◆ **例 2.72** (X, K) を有限個のセルからなる CW 複体とするとき，

$$\chi(X, K) = \sum_q (-1)^q \operatorname{rank} H_q(X)$$

が成り立つ。とくにオイラー標数はセル分割のとり方によらない。

証明 ホモロジー群の定義より，

$$
\begin{aligned}
\chi(X, K) &= \sum_q (-1)^q \operatorname{rank} C_q(X, K) \\
&= \sum_q (-1)^q \left(\operatorname{rank} \operatorname{Ker} \partial_q + \operatorname{rank} \left(C_q(X, K)/\operatorname{Ker} \partial_q \right) \right) \\
&= \sum_q (-1)^q \left(\operatorname{rank} \partial_{q+1} + \operatorname{rank} H_q(C(X, K)) + \operatorname{rank} \partial_q \right) \\
&= \sum_q (-1)^q \operatorname{rank} H_q(C(X, K)) = \sum_q (-1)^q \operatorname{rank} H_q(X).
\end{aligned}
$$

□

(X, K) を CW 複体, (A, L) を (X, K) の部分 CW 複体とする。すなわち $A \subset X$ かつ $L \subset K$ であるとする。このとき,

$$0 \to C(A, L) \to C(X, K) \to C(X, K)/C(A, L) \to 0 \qquad (2.7)$$

は分解する短完全列であり, とくに $C(X, K)/C(A, L)$ は自由である。そこで CW 複体の対 (X, A) に対し,

$$H_q(X, A) = H_q(C(X, K)/C(A, L))$$

を対 (X, A) のホモロジー群として定義する。短完全列 (2.7) は分解するので, 長完全列

$$\cdots \to H_q(A) \to H_q(X) \to H_q(X, A) \to H_{q-1}(A) \to \cdots$$

がえらえる。対のコホモロジーについても同様の長完全列がある。

2.3.3　ホモトピーとホモロジー

まったく一般の位相空間に対し, 特異ホモロジー論というホモロジー理論が展開でき, CW 複体に対しては両ホモロジー理論は一致することが知られている。CW 複体に限定したときの特異ホモロジーとホモトピーの間の特筆すべき二つの定理, ホワイトヘッドの定理とフレヴィッチの定理を定式化する。両定理の証明については [17] の 4.2 節を参照されたい。

◇ **定理 2.73 (ホワイトヘッド)**　X, Y を CW 複体とする。連続写像 $f : X \to Y$ がすべての次数のホモトピー群の間の同型を導けば, f はホモトピー同値写像である。

フレヴィッチの定理を定式化するため, フレヴィッチ準同型

$$h : \pi_q(X) \to H_q(X)$$

を定義する。$\mathbb{S}^n$ の自然な向きにより定まる $H_q(\mathbb{S}^q) \cong \mathbb{Z}$ の生成元を $[\mathbb{S}^q]$ で表す。$\pi_q(X)$ の元を代表する連続写像 $f : \mathbb{S}^q \to X$ を選び, $[f] \in \pi_q(X)$ を $f_*([\mathbb{S}^q]) \in H_q(X)$ に対応させる写像を h とする。h は f のとり方によらず決まり, $\pi_q(X)$ からの準同型になる。フレヴィッチ準同型は自然に相対版

$$h : \pi_q(X, A) \to H_q(X, A)$$

に拡張できる。

◇ **定理 2.74（フレヴィッチ（W. Hurewicz））** (X, A) を CW 複体の対とする。$q < n$ のとき $\pi_q(X, A) = 0$ であれば, n 次のフレヴィッチ準同型 $h : \pi_n(X, A) \to H_n(X, A)$ は同型である。

これら二つの定理の直接の帰結として, つぎの系がえられる。

◇ **系 2.75** X, Y を単連結 CW 複体とする。$f : X \to Y$ に対し $f_* : H_q(X) \to H_q(Y)$ が任意の q について同型であれば, f はホモトピー同値である。

証明 M_f を f の**写像柱**（図 2.17）とする, すなわち, 交わりのない和 $X \times [0, 1] \sqcup Y$ を, 任意の $x \in X$ に対し $(x, 1) \sim f(x)$ が生成する同値関係で割った空間とする。

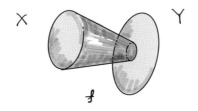

図 2.17 写像柱

このとき, 対 (M_f, X) のホモロジー長完全列を考えると, 仮定から任意の q について

$$H_q(M_f, X) = 0$$

である。ここでフレヴィッチの定理により, 任意の q について

$$\pi_q(M_f, X) = 0.$$

したがって, 包含写像 $X \to M_f$ は対 (M_f, X) のホモトピー長完全列からホモトピー群の間の同型写像を導く。一方 M_f は Y に変位レトラクトであり, f は包含写像とレトラクションの合成なので, X, Y のホモトピー群の同型を導く。あとはホワイトヘッドの定理より結論がえられる。 □

フレヴィッチの定理は空間 X が単連結の場合に次数が 2 以上の場合のホモトピー群とホモロジー群の関係を論じたが, フレヴィッチ写像の 1 次の場合も意味をあたえることができる。

◇ **命題 2.76** $h : \pi_1(X) \to H_1(X)$ は全射で，$\pi_1(X)$ の可換化をあたえる写像である．

証明 [34] の 5.4 節を参照されたい． □

◆ **例 2.77** 例 2.50 で解説したポアンカレ球面 $\mathbb{S}^3/\Gamma$ の基本群 Γ を再考する．$\mathbb{S}^2$ 上に角度が $\pi/2, \pi/3, \pi/5$ である球面三角形 $\Delta_{2,3,5}$ があり，この辺に関する鏡映変換が生成する $\mathbb{S}^2$ の変換群の群の向きを保つ元からなる指数 2 の部分群 Γ' は

$$\Gamma' = \langle \tilde{a}, \tilde{b}, \tilde{c} \,|\, \tilde{a}^5 = \tilde{b}^3 = \tilde{c}^2 = \tilde{a}\tilde{b}\tilde{c} = 1 \rangle$$

と表示されることはすでに記した．Γ はこの 2 次の拡大で，

$$\Gamma \cong \langle a, b, c \,|\, a^5 = b^3 = c^2 = abc \rangle$$
$$\cong \langle a, b \,|\, a^5 = b^3 = (ab)^2 \rangle$$

と表示される．可換化を計算するため $ab = ba$ とおくと，二つ目の関係式 $(ab)^2 = b^3$ から $a^2 = b$ がえられる．さらに最初の関係式から $a^5 = a^6$．これより $a = e$ となり，Γ の可換化は自明な群となる．したがって $H_1(\mathbb{S}^3/\Gamma) = 0$ である．

$\mathbb{S}^3$ が予想 1.4 の反例であることを示すには，さらに $H_2(\mathbb{S}^3/\Gamma) = 0$ および $H_3(\mathbb{S}^3/\Gamma) \cong \mathbb{Z}$ を示す必要がある．

2.3.4 ポアンカレ双対性

コンパクト多様体に対するポアンカレ双対性を解説するため，位相多様体の定義を再掲する．

◆ **定義 2.78** ハウスドルフ空間 N が n 次元位相多様体であるとは，N の各点 $x \in N$ に対して，x の開近傍 U と $\mathbb{R}^n$ の像への位相同型 $\varphi : U \to \varphi(U) \subset \mathbb{R}^n$ が存在するときである．φ を x の局所座標とよぶ．

たとえばポアンカレ球面 $\mathbb{S}^3/\Gamma$ が位相多様体であることは，$\mathbb{S}^3$ が多様体であることと，Γ の $\mathbb{S}^3$ への作用が自由で固有不連続であることから分かる．

境界付き多様体を定義するため，$\mathbb{R}^n_+ = \{(x_1, x_2, \ldots, x_n) \in \mathbb{R}^n \,;\, x_n \geq 0\}$ とする．

◆ **定義 2.79** ハウスドルフ空間 N が n 次元境界付き位相多様体であるとは，N の各点 $x \in N$ に対して，x の開近傍 U と $V \subset \mathbb{R}^n_+$ の像への位相同型 $\varphi : U \to \varphi(U) \subset \mathbb{R}^n_+$ が存在するときとする．

U_λ, U_μ は $x \in N$ の開近傍で，$\varphi_\lambda : U_\lambda \to \mathbb{R}^n_+$ および $\varphi_\mu : U_\mu \to \mathbb{R}^n_+$ はそれぞ
れ x の局所座標であるとする。このとき，

$$\varphi_\mu(U_\mu \cap \varphi_\lambda^{-1}(\partial\mathbb{R}^n_+)) \subset \partial\mathbb{R}^n_+$$

が成り立つことが分かる。そこで $\varphi^{-1}(\partial\mathbb{R}^n_+)$ のすべての局所座標 φ に関する和を
N の境界とよび，∂N で表す（図 2.18）。n 次元球体 $\mathbb{D}^n$ は境界付き多様体であり，
$\partial\mathbb{D}^n = \mathbb{S}^{n-1}$ である。

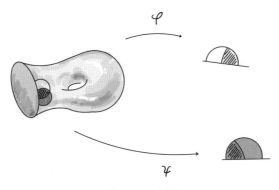

図 2.18　境界

位相多様体に対して向き付け可能性と基本類を定義するため，特異ホモロジー論
の**切除定理**を引用する。証明は [17] の 2.2 節を参照されたい。

◇ **定理 2.80（切除定理）**　X を位相空間，$A, B \subset X$ で $\operatorname{int} A \cup \operatorname{int} B = X$ とす
る。このとき，包含写像 $\iota : (B, B \cap A) \to (X, A)$ は特異ホモロジー群の間の同型
写像を誘導する。

切除定理は，位相多様体の局所ホモロジーの構造を明らかにする。

◇ **補題 2.81**　N を n 次元位相多様体とする。このとき任意の $x \in N$ に対して
$H_n(N, N \setminus \{x\}) \cong \mathbb{Z}$ である。

証明　N の中に閉球体 $\mathbb{D}^n$ と位相同型な x の閉近傍 D を選び，$N \setminus \operatorname{int} D$ に
$D \setminus \{x\}$ を加える。切除定理により $H_n(D, D \setminus \{x\}) \cong H_n(N, N \setminus \{x\})$ であり，
$(D, D \setminus \{x\}) \simeq (\mathbb{D}^n, \partial\mathbb{D}^n)$ なので $H_n(N, N \setminus \{x\}) \cong \mathbb{Z}$.　　　　□

n 次元位相多様体 N の各点 $x \in N$ に対し，x の局所ホモロジー群 $H_n(N, N \setminus \{x\}) \cong \mathbb{Z}$ を集め

$$O_N = \bigcup_{x \in N} H_n(N, N \setminus \{x\})$$

とし，O_N にトポロジーをつぎで定義する。$x \in N$ の局所座標 U_x として，開球 $\mathbb{B}^n$ と位相同型であり，かつ x が $\mathbb{B}^n$ の原点に対応するものを選ぶ。このとき $\mathbb{B}^n$ の原点への定値写像は U_x の $\{x\}$ への変位レトラクト $r : U_x \to \{x\}$ を導く。したがって O_N の U_x 上のファイバーの集まりから x 上のファイバーへの写像

$$r_* : \bigcup_{y \in U_x} H_n(N, N \setminus \{y\}) \to H_n(N, N \setminus \{x\})$$

がえられる。さらに r は任意の $y \in U_x$ に対し群の同型

$$(r|_{\{y\}})_* : H_n(N, N \setminus \{y\}) \cong H_n(N, N \setminus \{x\})$$

を導く。そこで，$H_n(N, N \setminus \{x\}) \cong \mathbb{Z}$ の各点の逆像の集合を B_{U_x} とし，x の局所座標が $\mathbb{B}^n$ と位相同型であるものすべてにわたる逆像の集合の和をとり，さらに $x \in N$ に関して N 全体で和をとり，$\mathcal{B}$ で表す。$\mathcal{B}$ は O_N の部分集合の族で，O_N に $\mathcal{B}$ 自身を基とするトポロジーをあたえる。このトポロジーに関して，O_N は離散群 $\mathbb{Z}$ をファイバーとする N 上の被覆空間になる（図 2.19）。

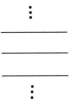

図 2.19　O_N

N 上に基点 x_0 を指定したとき，被覆空間にパスがもちあがるという性質（[17] 1.3 節，[34] 第 4 章参照）から，x_0 を基点とするループのホモトピー類に対して $\mathrm{Aut}\,\mathbb{Z} \cong \{\pm 1\}$ の要素が対応し，O_N のホロノミーとよぶ群の準同型

$$\pi_1(N) \to \{\pm 1\}$$

が導かれる。この写像が $\{1\}$ への定値準同型であることと，E が自明なファイバー束であり $E \approx N \times \mathbb{Z}$ であることは同値。

◆ **定義 2.82** ホロノミーが単位元への定値準同型であるとき，同値な条件であるが O_N が自明のとき，N は**向き付け可能**であるという。

境界がある多様体 N に対する向き付け可能性は，N とその**鏡映像** N_R を境界で貼り合わせてえられるダブル $DN = N \cup N_R$ の向き付け可能性に帰着する（図 2.20）。

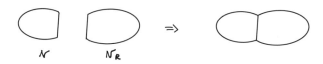

$$ N \qquad N_R \qquad \Rightarrow $$

図 **2.20** ダブル

連結で向き付け可能な閉（すなわちコンパクトで境界をもたない）多様体の基本類の定義は以下の命題にしたがう。

◇ **命題 2.83** N を連結で向き付け可能な n 次元閉位相多様体とする。このとき $H_n(N) \cong \mathbb{Z}$.

証明 $x \in N$ を指定し，対 $(N, N \setminus \{x\})$ のホモロジー長完全列

$$ \cdots \to H_n(N \setminus \{x\}) \to H_n(N) \to H_n(N, N \setminus \{x\}) \xrightarrow{\partial} H_{n-1}(N \setminus \{x\}) \to \cdots $$

を考える。$N \setminus \{x\}$ は n 次元の非コンパクト多様体なので $n - 1$ 次元以下の CW 複体のホモトピー型をもち，とくに $H_n(N \setminus \{x\}) = 0$ である。したがって最後の ∂ がゼロ写像であることを示せば十分である。

N の中に閉球体 $\mathbb{D}^n$ と位相同型な x の閉近傍 D を選び，∂ を縦に描いた可換な図式

$$
\begin{array}{ccc}
H_n(N, N \setminus \{x\}) & \xleftarrow{\;\cong\;} & H_n(D, D \setminus \{x\}) \cong \mathbb{Z} \\
\partial \downarrow & & \downarrow \partial \\
H_{n-1}(N \setminus \{x\}) & \xleftarrow{\;g\;} & H_{n-1}(D \setminus \{x\}) \cong \mathbb{Z}
\end{array}
$$

を考える。∂D は $H_{n-1}(D, D \setminus \{x\}) \cong \mathbb{Z}$ の生成元を表し，N は向き付け可能なので，チェイン $N \setminus \mathrm{int}\, D$ は境界 ∂D をもち，下の左向き矢印 g はゼロ写像になる。あとは図式の可換性から左縦の ∂ はゼロ写像になる。　　　　　□

この補題の境界付き版はつぎのようになる。

◇ **補題 2.84**　N を連結で向き付け可能な n 次元境界付きコンパクト位相多様体とする。このとき $H_n(N, \partial N) \cong \mathbb{Z}$.

証明　対 $(N, \partial N)$ に対するホモロジー長完全列から分かる。　　　　　□

◆ **定義 2.85**　$H_n(N) \cong \mathbb{Z}$ および $H_n(N, \partial N) \cong \mathbb{Z}$ の生成元を**基本類**とよび，それぞれ $[N]$, $[N, \partial N]$ で表す。

　基本類は二つの選択肢があるが，その選択は N および $(N, \partial N)$ に向きをあたえることに相当する。ポアンカレ双対性の解説の前に，向き付け可能性と 1 次ホモロジー群との関係を記す。

◇ **系 2.86**　n 次元多様体 N は，$H_1(N) = 0$ であれば向き付け可能である。

証明　位相多様体 N が向き付け可能であるとは，O_N のホロノミーが単位元での定値準同型であるときと定義された。一方，$H_1(N) = 0$ であれば，$\pi_1(N)$ の可換化が 0 なので，$\pi_1(N)$ から $\{\pm 1\}$ への準同型は自明なものに限られる。したがって N は向き付け可能である。　　　　　□

　ポアンカレ双対性とは，つぎの命題である。

◇ **定理 2.87**　N を連結で向き付け可能な n 次元境界付きコンパクト位相多様体とする。このとき任意の $0 \leq q \leq n$ に対して，

$$[N] \cap \cdot : H^q(N) \to H_{n-q}(N, \partial N)$$

および

$$[N, \partial N] \cap \cdot : H^q(N, \partial N) \to H_{n-q}(N)$$

は同型写像である。ただし $\cap$ はキャップ積を表す。

　キャップ積の定義およびポアンカレ双対性の証明は [17] 3.3 節を参照されたい。向き付けに関連して，一つ基本的事実を記す。

◇ **系 2.88**　単連結閉多様体 N が $H_q(N) \cong H_q(\mathbb{S}^n)$ $(n \geq 2)$ であれば，すなわち単連結ホモロジー n-球面であれば，N は n 次元球面 $\mathbb{S}^n$ にホモトピー同値である。

証明　系 2.86 より単連結な多様体は向き付け可能で，仮定より N は n 次元であることが分かる。N は単連結なので，フレヴィッチの定理から $0 < q < n$ のと

き $\pi_q(N) \cong H_q(N) \cong H_q(\mathbb{S}^n) = 0$ で, $\pi_n(N) \cong H_n(N) \cong \mathbb{Z}$ である. そこで $\pi_n(N)$ の生成元を $f : \mathbb{S}^n \to N$ で表すと, f は任意の $q \geq 2$ について q 次ホモロジー群の間の同型を導く. したがって系 2.75 により結果がしたがう.　　　□

これより, 一般化されたポアンカレの予想 (予想 1.9) は

★ 予想 2.89　$\mathbb{S}^n$ にホモトピー同値な閉多様体は $\mathbb{S}^n$ に位相同型である.

と言い換えることもできる.

◇ 命題 2.90　ポアンカレ球面 $\mathbb{S}^3/\Gamma$ はホモロジー 3-球面である.

証明　ポアンカレ球面は弧状連結なので, $H_0(\mathbb{S}^3/\Gamma) \cong \mathbb{Z}$ でとくに自由である. さらに $H_1(\mathbb{S}^3/\Gamma) = 0$ はすでに見た. したがってポアンカレ双対性と普遍係数定理により,

$$H_2(\mathbb{S}^3/\Gamma) \cong H^1(\mathbb{S}^3/\Gamma) \cong \mathrm{Hom}(H_1(\mathbb{S}^3/\Gamma), \mathbb{Z}) = 0$$

である. $H_3(\mathbb{S}^3/\Gamma) \cong \mathbb{Z}$ は補題 2.84 による.　　　□

3

高次元

　1956 年にミルナーにより，高次元ポアンカレ予想は C^∞-級多様体とその間の C^∞-級写像からなる C^∞-級圏では必ずしも成り立たないことが指摘された。一方 1961 年にスメイルにより h-同境定理が示され，後にケルベア [28] およびカービー（R. Kirby）・シーベマン（L. Siebenmann）[31] の結果を合わせて，位相多様体とその間の連続写像からなる位相圏では，一般化されたポアンカレ予想が 5 次元以上で成立することが示された。h-同境定理の証明には，当時までに培われた微分トポロジーの技法がたいへん効果的であった。本章では，多様体の C^∞-級圏での研究の道具立てとミルナーの例，およびスメイルの定理の証明を解説する。

3.1　エキゾティック構造

3.1.1　C^∞-圏

　位相多様体が C^∞-級構造をもつことを定義する。n 次元多様体 N の各点 $x \in N$ には局所座標 $\varphi : U \to \mathbb{R}^n$ があり，x の別の局所座標 $\psi : V \to \mathbb{R}^n$ があれば，局所座標の間の**推移写像**

$$\psi \circ \varphi^{-1}|_{\varphi(U \cap V)} : \varphi(U \cap V) \to \mathbb{R}^n$$

が定義される（図 3.1）。

　推移写像は $\mathbb{R}^n$ の開集合から $\mathbb{R}^n$ への写像なので，各種の正則性を課すことができる。もっとも弱い正則性は推移写像が位相同型であることのみを求める。このとき多様体は位相多様体とよんだ。位相多様体とその間の連続写像の組は，多様体の位相圏をなす。

◆ **定義 3.1**　多様体が C^∞-級であるとは，すべての推移写像が C^∞-級，すなわち

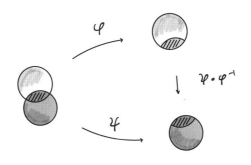

図 3.1 推移写像

任意回微分可能であるときとする。

C^∞-級多様体とその間の C^∞-級写像の組からなる圏を C^∞-**級圏**とよぶ。

ポアンカレ予想の対象は単連結ホモロジー球面であり，したがってフレヴィッチの定理により**ホモトピー球面**，すなわち球面 $\mathbb{S}^n$ とホモトピー同値な閉多様体である。このような多様体が C^∞-級構造をもつかは自明ではない。さらに一般に位相多様体が C^∞-級構造をもつか否かも非自明な問題だが，前世紀半ばまでのトポロジーは，この問題に満足のゆく結論がえられる理論を構築した。理論の帰結として以下が主張できる。

◇ **定理 3.2** 任意の n 次元ホモトピー球面は C^∞-級構造を許容する。

定理 3.2 の主張は，$n \leq 2$ のときは多様体の分類論からホモトピー球面は球面に位相同型であることによる。$n = 3$ の場合は，モイズ [43] により任意の 3 次元多様体は PL 構造をもつことが知られ，さらにこれを C^∞-級構造に平滑化することができることが知られていることによる。平滑化の議論は，ホワイトヘッド [65] の議論に沿ったマンクリース（J. Munkres）による講義録 [47] に詳細があり，またサーストン [61] の 3.10 節には独特の解説がある。したがって，ここまでの次元ではホモトピー球面に限らず任意の多様体が C^∞-級構造をもつ。

4 次元は後回しにして，5 次元以上では無条件というわけにはいかないことを先に解説する。カービー・シーベマン [31, 32] により，5 次元以上で位相多様体が PL 多様体になるための障害は $\mathbb{Z}/2\mathbb{Z}$ 係数の 4 次コホモロジー群に存在することが知られている。5 次元以上のホモロジー球面は 4 次のコホモロジーは消滅しているので，PL 構造はいつでも入る。これに加え，ケルベアは [28] で任意の PL ホモロ

ジー球面は平滑化可能，すなわち C^∞-級構造が入ることを，当時はよく知られている事実と注記した上で証明をあたえている。専門家の間では認識されていたようだが，この部分を正当化する文献は筆者はケルベアの [28] しか知らない。5 次元以上では C^∞-級の構造の存在は，ホモトピー球面が $\mathbb{S}^n$ に位相同型であることを仮定せずに分かることは注意しておきたい。

　最後に 4 次元の場合だが，ケルベアの主張は 4 次元の場合でも正しいが，単連結 4 次元ホモロジー球面が PL 構造をもつことは自明ではなく，定理 3.2 を示すには現状では次章で解説するフリードマンの，任意の 4 次元単連結位相ホモトピー球面は $\mathbb{S}^4$ に位相同型という定理が必要である。

　以上をまとめると，定理 3.2 は確かに正しい。さらに障害は，$\mathbb{Z}/2\mathbb{Z}$ 係数の H^4 のみにあるので，仮定をホモロジー球面に弱めても以下が成立する。

◇ **定理 3.3**　n 次元ホモロジー球面は，$n \neq 4$ のとき C^∞-級構造を許容する。

[コメント 3.4]　$n = 4$ で単連結でない場合の反例は知られていないようである。

　C^∞-級多様体のトポロジーを議論する上で重要な，位相同型よりも仔細な概念を定義する。

◆ **定義 3.5**　N, M を C^∞-級多様体とする。N から M への C^∞-級位相同型が存在してその逆写像も C^∞-級であるとき，N と M は**微分同型**であるという。

3.1.2　ポアンカレ球面再掲

　位相多様体が C^∞-級構造をもつというのは自明な問題ではなく，実際 C^∞-級構造をもたない多様体の例は，ケルベアにより 1960 年に初めて 10 次元で例が見出された [27]。その後多種の例が発見され，日本人の貢献も大きい。しかし今日では，ホモトピー球面に限ればすべて C^∞-級構造をもつことが分かっている。

　一方，球面上の C^∞-級構造は微分同型の下で一意かという疑問が生じる。この問いに対し，ミルナーは 1956 年に 7 次元で反例をあたえた [37]。そもそもの例は $\mathbb{S}^4$ 上の $\mathbb{S}^3$-束としてであったが，その後ブリースコーン（E. Brieskorn）により代数的な表示があたえられた [6]。本項ではブリースコーン流の構成を解説するため，ポアンカレ球面を再掲する。

　p, q, r を 2 以上の整数とし，複素数を変数とする代数関数

$$f(z_1, z_2, z_3) = z_1^p + z_2^q + z_3^r$$

を考える。$\boldsymbol{z}=(z_1,z_2,z_3)$ に対して $V=\{f(\boldsymbol{z})=0\}\subset\mathbb{C}^3$ で定義される代数曲面 V は，原点で孤立特異点をもつ。十分小さい $\varepsilon>0$ に対し，原点を中心とする ε-球面 $\mathbb{S}^5_\varepsilon$ で V をカットすると，実3次元多様体 $V\cap\mathbb{S}^5_\varepsilon$ がえられる。これを f の孤立特異点 $\boldsymbol{0}$ のリンクとよび，$\Sigma=\Sigma(p,q,r)$ で表す（図 3.2）。

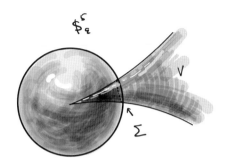

図 3.2 リンク

$\boldsymbol{z}\in\mathbb{S}^5_\varepsilon\setminus\Sigma$ に対し $f(\boldsymbol{z})/|f(\boldsymbol{z})|\in\mathbb{S}^1\subset\mathbb{C}$ を対応させる写像

$$\pi:\mathbb{S}^5_\varepsilon\setminus\Sigma\to\mathbb{S}^1$$

は，ファイバー束になっており [39]，そのファイバーは発見者のミルナーに敬意を表してミルナーファイバーとよばれている。ミルナーファイバーは実4次元多様体としての自然なコンパクト化 M をもち，その境界は Σ と同一視できる。すなわちリンク $\Sigma=\partial M$ はミルナーファイバー M を囲むということである。

一般に単連結4次元コンパクト多様体 M に対し，ポアンカレ双対性より $H^2(M)$ は自由加群であり，$H^2(M)$ 上の交差形式

$$H^2(M)\times H^2(M)\xrightarrow{\cup}H^4(M)\xrightarrow{\cap[M,\Sigma]}H_0(M,\partial M)\cong\mathbb{Z}$$

が定義される。ここで，最初の写像は $H^2(M)$ の二つの元のカップ積，次の写像はその結果を (M,Σ) の基本類 $[M,\Sigma]\in H_4(M,\Sigma)$ とのキャップ積と合成することにより定義される。カップ積の定義は [17] の 3.3 節を参照されたい。幾何学的には，あたえられた二つの2次コホモロジー類のポアンカレ双対であるホモロジー類をコンパクト部分多様体で実現し，その交差を横断的にとり，各交点で定まる符号を総和した数である。交差形式は対称で，Σ がホモロジー球面であれば非退化である。

以降 $(p,q,r)=(2,3,5)$ の場合に話を限定する。このとき M の交差形式は，図 3.3 のディンキン図形 E_8 で表される。頂点は $H^2(M)\cong H_2(M,\Sigma)$ の生成元に対

応し，付随する数字 -2 は対応するホモロジー類の自己交差数（オイラー数），す
なわちホモロジー類をサイクルで実現したときのサイクル自身とその摂動との交わ
りの符号和を表し，さらに辺は対応するホモロジー類が1点で横断的に交点数1で
交わることを意味する。

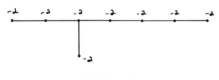

図 3.3 E_8

ディンキン図形 E_8（図3.3）は，$\Sigma(2,3,5)$ が囲む M の幾何学的な状況を明示
している。すなわち，M は $\mathbb{S}^2$ 上のオイラー数が -2 の $\mathbb{D}^2$-束を E_8 が表す図式に
沿って貼り合わせた多様体である。ここで貼り合わせはプラミングとよばれ，局所
的に互いのファイバーと底空間の役割を代えて貼り合わせる操作である（図3.4参
照）。ディンキン図形の頂点に対応する $H^2(M) \cong H_2(M, \Sigma)$ の元は $\mathbb{S}^2$ の埋め込
みとして実現でき，さらに生成元同士の交差は1点とすることができる。$\Sigma(2,3,5)$
は実はポアンカレ球面と微分同型であることが知られている [30]。

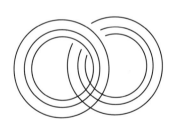

図 3.4 プラミング

◇主張 3.6 $\Sigma(2,3,5)$ はホモロジー 3-球面である。

証明 $\Sigma = \Sigma(2,3,5)$ とそのミルナーファイバー M の対 (M, Σ) のホモロジー長
完全列を使って計算する。キーは，包含写像が誘導する

$$H_2(M) \to H_2(M, \Sigma) \tag{3.1}$$

の記述である．M は 8 個の 2 次元球面の 1 点和とホモトピー型が等しく，単連結で $H_1(M) = 0$ で自由．したがってポアンカレ双対定理と普遍係数定理により $H_2(M, \Sigma) \cong H^2(M) \cong \mathrm{Hom}(H_2(M), \mathbb{Z})$ なので，$H_2(M)$ の基底を指定すると $H_2(M, \Sigma)$ の基底が自然に定める写像がある．$H_2(M)$ の基底としてディンキン図形の頂点に対する組を選べば，写像 (3.1) は，$H_2(M)$ の同じ基底に関する交点形式 E_8 行列 (3.2) で実現される．

$$
E_8 = \begin{pmatrix}
-2 & & & 1 & & & & \\
& -2 & 1 & & & & & \\
& 1 & -2 & 1 & & & & \\
1 & & 1 & -2 & 1 & & & \\
& & & 1 & -2 & 1 & & \\
& & & & 1 & -2 & 1 & \\
& & & & & 1 & -2 & 1 \\
& & & & & & 1 & -2
\end{pmatrix}
\tag{3.2}
$$

E_8 は行列式の値が 1 で，したがって写像 (3.1) は同型写像となる．あとはポアンカレ双対性と普遍係数定理から Σ の 1 次および 2 次ホモロジーが消えていることが，対 (M, Σ) のホモロジー長完全列から容易に計算できる． $\square$

3.1.3 ミルナーのエキゾティック 7-球面

ミルナーによるエキゾティック 7-球面，すなわち $\mathbb{S}^7$ に位相同型だが微分同型ではない多様体は，そもそもは $\mathbb{S}^4$ 上の $\mathbb{S}^3$-束として構成された．しかし，その後ブリースコーンにより

$$
f(\boldsymbol{z}) = z_1^2 + z_2^2 + z_3^2 + z_4^3 + z_5^5
$$

の孤立特異点 $\boldsymbol{0}$ のリンク $\Sigma(2,2,2,3,5)$ であることが分かった．Σ は E_8 を交差形式とする 8 次元多様体 M を囲む．M が $\mathbb{S}^4$ 上のオイラー数が -2 の $\mathbb{D}^4$-束をディンキン図形 E_8 に添ってプラミングしてえられることは，次元を倍にして $\Sigma(2,3,5)$ の場合と同じである．ただし，以降の議論には影響しないが，$\mathbb{S}^4$ 上の $\mathbb{D}^4$-束はオイラー数だけでは決まらないことに注意しておく．

$\Diamond$ **主張 3.7** $\Sigma(2,2,2,3,5)$ はホモトピー 7-球面である．

証明 M は 8 個の $\mathbb{S}^4$ の 1 点和にホモトピー同値なので，単連結であり，さらに

$1 \leq q \leq 3$ のとき $H_q(M) = 0$ である。したがって $\Sigma(2,2,2,3,5)$ がホモロジー球面になることは，$\Sigma(2,3,5)$ のときと同じ議論からしたがう。

$\Sigma(2,2,2,3,5)$ が単連結であることは以下のように示せる。M が 8 次元で，プラミングの底空間に相当する 4 次元の部分複体に変位レトラクトし，$\pi_2(M, \Sigma)$ の元は 2 次元ディスクで実現されることから，その交差は $2 + 4 < 8$ なので一般の位置の議論で解消でき，$\pi_2(M, \Sigma) = 0$ である。したがって，対 (M, Σ) のホモトピー長完全列

$$\cdots \to \pi_2(M, \Sigma) = 0 \to \pi_1(\Sigma) \to \pi_1(M) = 1 \to \cdots$$

から Σ が単連結であることがしたがう。　　　　　　　　　　　　　　　　　□

ミルナーは，Σ が $\mathbb{S}^7$ に位相同型であることを，特異点が二つあるモース関数（3.3.2 項参照）を直接構成することにより証明した。一方，ブリースコーンの表示にしたがえば，Σ は単連結 7 次元ホモロジー球面なので，$\mathbb{S}^7$ に位相同型であることは，スメイルの高次元ポアンカレ予想の解決からもしたがう。

エキゾティックであることの証明は，ヒルツェブルフ（F. Hirzebruch）の符号数定理が提供する特性類の間の関係式に矛盾することに帰着された。証明は原典 [37] あるいは [20] に委ねるが，特性類の理論のより詳細については [42] などを独習することを薦める。以下で，ミルナーがその後ケルベアと共に高度なホモトピー理論を駆使したエキゾティック球面の研究について補足しておきたい。

◆ **定義 3.8**　N, M を n 次元 C^∞-級閉多様体，W を $N \sqcup M$ を境界にもつ $n + 1$ 次元 C^∞-級多様体とする。W, N, M が連結で，さらに N, M から W への包含写像がホモトピー同値であるとき，N と M は h-**同境である**といい，W を N と M を結ぶ h-**同境**とよぶ。ちなみに h-同境はホモトピー同境の略である。

n 次元ホモトピー球面の h-同境類の集合に連結和を演算として群としての構造をあたえ，Θ_n で表し，ホモトピー球面の群とよぶ。ケルベア・ミルナー [29] の主張は，Θ_n は $n \neq 3$ のとき有限群であり，しかもその位数はホモトピー論を使って計算可能ということである。各々の次元で高々有限個となる。[29] には，$n \leq 18$ でのその位数を記す表 3.1 が提示されている。

$n = 3$ の場合に ? と記されているが，最後の章で解説する 3 次元ポアンカレ予想の解決より今日では $|\Theta_3| = 1$ である。また $n = 4$ のときは $|\Theta_4| = 1$ と記されているが，これは任意の 4 次元ホモトピー球面が可縮 5 次元多様体を囲むことからしたがい，4 次元球面の C^∞-級構造が一意であることを主張しているわけではない。

表 **3.1** Θ_n の位数

n	1	2	3	4	5	6	7	8	9	10
$\lvert\Theta_n\rvert$	1	1	?	1	1	1	28	2	8	6

n	11	12	13	14	15	16	17	18
$\lvert\Theta_n\rvert$	992	1	3	2	16256	2	16	16

$n \geq 5$ のときは，スメイルの定理により Θ_n の位数は n 次元球面上の C^∞-級構造の個数を表す．

◆ **例 3.9** 7 次元ではホモトピー論を駆使した計算で $\Theta_7 \cong \mathbb{Z}/28\mathbb{Z}$ となるが，対応する 28 種類のホモトピー球面は

$$f(\boldsymbol{z}) = z_1^2 + z_2^2 + z_3^2 + z_4^3 + z_5^{6k+1}$$

のリンクとしてえられることが分かっている [7]．

3.2 スメイルの h-同境定理

3.2.1 同境圏

C^∞-級多様体の間の h-同境よりは遥かに弱い同値関係を定義する．

◆ **定義 3.10** N, M を向き付けられた n 次元 C^∞-級閉多様体とする．それぞれ連結とは限らない．向き付けられた $n+1$ 次元 C^∞-級境界付きコンパクト多様体 W で $\partial W = N \sqcup (-M)$ であるものが存在するとき，N と M は**同境**であるといい，W を N と M を結ぶ**同境**という．ここで $-M$ は，W の向きが境界に誘導する向きが M 側では反転することを表す．同境は $(W; N, M)$ で表す（図 3.5 参照）．

向き付けられた多様体に対する同境という関係は，同値関係であることが容易に確かめられる．さらに交わりのない和に関して群になることが分かり，次元 n による向き付けられた**同境群** Ω_n^{SO} が定義される．

◆ **例 3.11** 向き付けられた 0 次元多様体 N は，$+$ に向き付けられた点と $-$ に向き付けられた点の和で，それぞれの個数を n, m とすると，N に対し $n - m \in \mathbb{Z}$ を対応させることで $\Omega_0^{\mathrm{SO}} \cong \mathbb{Z}$ が分かる（図 3.6）．

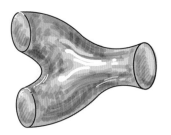

図 3.5　同境

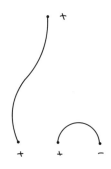

図 3.6　$\Omega_0^{\mathrm{SO}} \cong \mathbb{Z}$

◆例 3.12　Ω_1^{SO} の各元は有限個の $\mathbb{S}^1$ の交わりのない和により代表されるが，各 $\mathbb{S}^1$ は $\mathbb{D}^2$ の境界になることから $\Omega_1^{\mathrm{SO}} = 0$ である。また，任意の向き付け可能な閉曲面はハンドル体の境界になるので $\Omega_2^{\mathrm{SO}} = 0$ である（図 3.7 参照）。

図 3.7　$\Omega_1^{\mathrm{SO}} \cong 0 \cong \Omega_2^{\mathrm{SO}}$

まったく非自明だが $\Omega_3^{\mathrm{SO}} = 0$ であることが知られている。すなわち，任意の向

き付け可能な 3 次元閉多様体は向き付け可能なコンパクト 4 次元多様体の境界として実現できる。4 次元以上は複雑だが，有理数体 $\mathbb{Q}$ をテンソルした場合の構造は知られている。

　同境を射とする圏を構成する。対象は C^∞-級多様体であり，対象 N, M に対する射は N と M を結ぶ同境 W である（図 3.8 参照）。

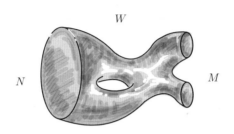

図 3.8 同境圏の射

　射の合成は，N から L への同境 W_1 および L から M への同境 W_2 に対し，L と L 自身への微分同型 $f : L \to L$ を指定すると定義でき，

$$W_2 \circ W_1 = W_1 \cup_f W_2$$

である（図 3.9）。合成を実現する同境は f のとり方により一意ではないが，いずれも射 $N \to M$ を代表することに注意されたい。すなわち，合成 $W_2 \circ W_1$ は，射というよりは射の集合に対する記号と理解する。

図 3.9 同境圏の射の合成

　合成の定義の曖昧さを加味しても，射の合成が結合法則をみたすことは容易に分かる。さらに，積同境 $W = N \times [0,1]$ が恒等射の性質をみたすことも容易に分かる。したがって

◇ **命題 3.13** C^∞-級多様体の全体は，同境を射として圏になる。

　同境はたいへん緩い同値関係であり，連結成分の個数すら不変量ではない。同境のアイデアを位相同型あるいは微分同型に結びつけるため，h-同境の概念を再掲する。

◆ **定義 3.14**　W を N から M への同境とする。W, N, M が連結で，さらに N, M から W への包含写像がホモトピー同値であるとき，N と M は h-**同境である**といい，W を N と M を結ぶ h-**同境**とよぶ。

✔ **注意 3.15**　定義により，N, M が h-同境であれば N, M はホモトピー同値である。

　包含写像が境界から多様体へのホモトピー同値であることから，W は N, M に変位レトラクトであることが分かる。逆に W が N, M に変位レトラクトであれば，N, M から W への包含写像はホモトピー同値である。したがって h-同境の定義は，包含写像がホモトピー同値であることを，境界の各連結成分へ変位レトラクトがあることと置き換えることができる。

　W を N, M を結ぶ h-同境とする。このとき対のホモロジー長完全列から $H_*(W, N) = 0 = H_*(W, M)$ である。ここで W が単連結であることを仮定すると，フレヴィッチの定理により N, M から W への包含写像はホモトピー同値である。したがって h-同境の概念は，W が単連結であることを仮定すればホモロジーの条件 $H_*(W, N) = 0 = H_*(W, M)$ に置き換えることができる。

　つぎの h-同境定理は，C^∞-級圏で次元が高いときに h-同境は積同境であることを示すものである。この定理は微分トポロジーの金字塔の一つであり，数多くの応用がある。

◇ **定理 3.16 (スメイル [58])**　W を N から M への C^∞-級 h-同境，W は単連結 (したがって N, M も単連結) とする。$\dim W \geq 6$ のとき，W は $N \times [0, 1]$ に微分同型である。とくに，N と M は微分同型である。

　この定理は，単連結という仮定の下では h-同境と微分同型が同値であるという極めて強い帰結を主張している。証明はつぎの節で記す。

✔ **注意 3.17**　h-同境定理にある次元の制限は，$\dim W \leq 5$ での結論を否定するものではない。$3 \leq \dim W \leq 5$ のときについては，以降の章で次元にしたがう現状を記す。1 次元と 2 次元の場合は多様体の分類から正しい。

3.2.2　h-同境定理の応用

◇ **命題 3.18（6 次元以上の球体の特徴付け）**　W は単連結 n 次元コンパクト C^∞-級多様体で，単連結な境界をもつとする。$n \geq 6$ のとき，W が $\mathbb{D}^n$ に微分同型であることと，W が非輪状，すなわち

$$H_q(W) = \begin{cases} \mathbb{Z} & (q = 0 \text{ のとき}) \\ 0 & (q \neq 0 \text{ のとき}) \end{cases}$$

であることは同値。

証明　W が $\mathbb{D}^n$ に微分同型であれば位相同型で，とくに可縮である。したがって W は非輪状。逆に W は非輪状とし，W の内部に C^∞-級部分多様体 D として $\mathbb{D}^n$ に微分同型なものを選ぶ。$W \setminus \text{int}\, D$ は h-同境なので，h-同境定理より結果がしたがう。　　　　□

◇ **系 3.19（6 次元以上の位相ポアンカレ予想）**　N を単連結 C^∞-級ホモロジー n-球面とする。$n \geq 6$ のとき N は $\mathbb{S}^n$ に位相同型である。

証明　$D \subset N$ を $\mathbb{D}^n$ の C^∞-級埋め込みの像とする。$N \setminus \text{int}\, D$ はホモロジー球体であることが容易に確かめられる。したがって $N \setminus \text{int}\, D$ は命題 3.18 により $\mathbb{D}^n$ に微分同型であり，N は二つの $\mathbb{D}^n$ を境界で貼り合わせてえられる。$\mathbb{D}^n$ は極座標表示 (r, θ) があり，二つの $\mathbb{D}^n$ の和が $\mathbb{S}^n$ に位相同型になることは，両者の境界の間の微分同型を通して一方の座標を C^∞-級とし，他方に r 成分に関する錐をとれば，他方の $\mathbb{D}^n$ の原点のみで微分可能性が保証されない位相同型がえられる。　　□

✔ **注意 3.20**　最後の主張が微分同型ではなく位相同型であるのは，境界の $\mathbb{S}^{n-1}$ の自己微分同型のイソトピー，すなわち各時刻で微分同型であるホモトピー類が必ずしも一意でないためである。一意であれば，系 3.19 の証明中の貼り合わせの部分を，少し緩衝幅を設けてイソトピーを埋め込めば微分同型にできる。しかし一意でない例が実際に存在し，3.1.3 項で記したミルナーの例を契機に，ケルベア・ミルナーによる組織的な研究 [29] に発展した。

◇ **系 3.21（5, 6 次元ポアンカレ予想）**　N を単連結 C^∞-級ホモロジー n-球面とする。$n = 5, 6$ のとき N は $\mathbb{S}^n$ に微分同型である。

証明　ケルベアとミルナーにより，$n = 4, 5, 6$ のとき，単連結ホモロジー n-球面 N は可縮な多様体 V を囲むことが知られている [29]。$D \subset V$ を $\mathbb{D}^n$ の滑らかな

埋め込みの像とする。$V \setminus \mathrm{int}\, D$ は h-同境であることが容易に確かめられる。した
がって $n = 5, 6$ の場合は h-同境定理により $V \setminus \mathrm{int}\, D$ は $\partial \mathbb{D}^n \times [0, 1]$ に微分同型
であり，N は $\mathbb{S}^n$ に微分同型である。　　　　　　　　　　　　　　　　□

3.3　h-同境定理の証明

3.3.1　ハンドル分解

向き付け可能な n 次元 C^∞-級閉多様体 N に対し，N と単位区間の直積 $N \times [0, 1]$
を考える。その境界 $\partial(N \times [0, 1])$ は $N \times \{0\}$ と $N \times \{1\}$ に分かれる。さらに
$q - 1$ 次元球面から $N \times \{1\}$ への C^∞-級埋め込み $f : \mathbb{S}^{q-1} \to N \times \{1\}$ で，その閉
管状近傍が自明，すなわち $\mathbb{S}^{q-1} \times \mathbb{D}^{n+1-q}$ と微分同型であるものを考える。$n + 1$
次元の q-ハンドルとよぶ直積空間

$$h = \mathbb{D}^q \times \mathbb{D}^{n+1-q}$$

を用意する。ただし $0 \leq q \leq n + 1$ である。h の境界を

$$\partial_0 h = \partial\mathbb{D}^q \times \mathbb{D}^{n+1-q} = \mathbb{S}^{q-1} \times \mathbb{D}^{n+1-q}$$
$$\partial_1 h = \mathbb{D}^q \times \partial\mathbb{D}^{n+1-q} = \mathbb{D}^q \times \mathbb{S}^{n-q}$$

に分ける。N に向きをあたえ，f の拡張で，h に適当な向きを指定し，向きを保つ
$f(\mathbb{S}^{q-1})$ の法束の自明化をあたえる埋め込み

$$\varphi : \partial_0 h \to N \times \{1\}$$

を選び，φ によって h を $N \times [0, 1]$ に貼り付けてえられる向き付け可能な多様体を

$$W = N \times [0, 1] \cup_\varphi h$$

とする。便利な用語を二つ用意する。ハンドル h の中心部 $\mathbb{D}^q \times \{\mathbf{0}\} \subset h$ を**コア**，
コアの境界 $\mathbb{S}^{q-1} \times \{\mathbf{0}\}$ を**接着球面**とよび $A(h)$ で表す（図 3.10）。

W は，h のコアを，接着球面 $A(h)$ から $N \times \{1\}$ への埋め込み φ に沿っ
て貼り付け，$\mathbb{D}^{n+1-q}$ で厚みをつけたものとみなすことができる。W の境界は
$\partial_0 W = N \times \{0\}$ と $\partial_1 W = \partial W \setminus \partial_0 W$ に分かれる。こうして，N からハンドル
の添加（図 3.11 参照）により新しい多様体 $M = \partial_1 W$ がえられる。

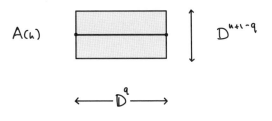

図 **3.10** コアと接着球面

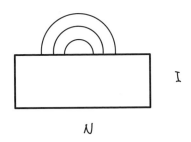

図 **3.11** ハンドルの添加

　ハンドル添加操作を有限回繰り返して N から新しい多様体（記号が重複するが）M を構成する操作を一括して**手術**とよぶ。N と M を有限回のハンドル添加で結ぶ $n+1$ 次元多様体 W は N から M への同境になっており，これを手術の**トレース**という（図 3.12 参照）。

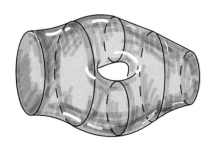

図 **3.12** 手術のトレース

◆ **定義 3.22**　$N \times [0,1]$ にハンドル $h_1, h_2, \ldots, h_k$ を順次加えた手術で M がえられたとし，そのトレースを W とする．このとき $N \times [0,1] \cup h_1 \cup h_2 \cup \cdots \cup h_k$ を W の**ハンドル分解**とよぶ．ただし，ここでは和 $\cup$ の順番に意味があり，[41] にしたがってハンドル分解の記号として

$$W = N h_1 h_2 \cdots h_k$$

を用いることにする．

◆ **例 3.23**　$N = \mathbb{S}^1$ とし，$N \times [0,1]$ の一方の境界 $N \times \{1\}$ に 1-ハンドル $h = \mathbb{D}^1 \times \mathbb{D}^1$ を貼り合わせる．$\partial \mathbb{D}^1 = \mathbb{S}^0$ は 2 点からなるので，$\mathbb{S}^1$ 上に 2 点を選ぶ．これが $f : \mathbb{S}^0 \to N \times \{1\}$ の像である．このとき手術によりえられる M は，指定した 2 点の近傍を取り除き，生じた二つの穴を $\mathbb{D}^1 \times \mathbb{S}^0$ で繋ぐことに相当し，えられる多様体は二つの円周の非交和である（図 3.13）．

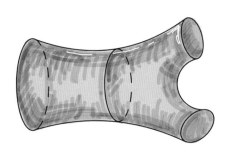

図 **3.13**　円周から二つの円周へ

◆ **例 3.24**　$N = \mathbb{S}^2$ とし，$N \times [0,1]$ の一方の境界 $N \times \{1\}$ に 1-ハンドル $h = \mathbb{D}^1 \times \mathbb{D}^2$ を貼り合わせる．$\partial \mathbb{D}^1 = \mathbb{S}^0$ は 2 点からなるので，$\mathbb{S}^2$ 上に 2 点を選ぶ．これが $f : \mathbb{S}^0 \to N \times \{1\}$ の像である．このとき手術によりえられる M は，指定した 2 点の近傍を取り除き，生じた二つの穴をチューブ $\mathbb{D}^1 \times \mathbb{S}^1$ で結ぶことに相当し，トーラスがえられる（図 3.14）．

◆ **例 3.25**　$N = \mathbb{S}^3$ とし，$N \times [0,1]$ の一方の境界 $N \times \{1\}$ に 2-ハンドル $h = \mathbb{D}^2 \times \mathbb{D}^2$ を貼り合わせる．h の第 1 成分の境界 $\partial \mathbb{D}^2 = \mathbb{S}^1$ は円周なので，C^∞-級埋め込み $f : \mathbb{S}^1 \to N \times \{1\}$ を指定する．この像を $\mathbb{S}^3$ の**結び目**とよび，K で表す．このとき手術によりえられる M は，K の近傍を取り除き，境界に生じたトー

図 **3.14**　2 次元球面からトーラスへ

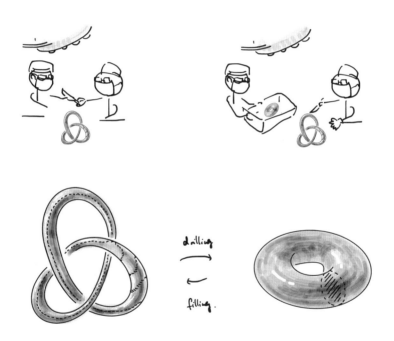

図 **3.15**　$\mathbb{S}^3$ の結び目 K に沿った整数係数デーン手術

ラスに $\mathbb{D}^2 \times \mathbb{S}^1$ を貼り合わせることに相当し，K の法束の自明化のホモトピー論的自由度は $\pi_1(\mathrm{SO}(2)) \cong \mathbb{Z}$ で区別される．この操作は古典的結び目理論の K に沿った整数係数デーン手術に一致する（図 3.15）．

　結び目のデーン手術理論の詳細については，本シリーズの [46] を参照されたい。結び目のデーン手術は本書で扱う手術とは共通部分はあるが，次元の関係で互いに独立の部分もある。

　これまで n 次元多様体 N の手術のトレースをとった $n+1$ 次元同境 W に対してハンドル分解を定義したが，n 次元多様体 N 自身のハンドル分解も考えることができる（図 3.16）。そのためには N を空集合から手術の列により境界に至る同境とみなす。

　この場合，ハンドルの次元と多様体の次元に整合性をもたせるため，まず q-ハンドルとは $\mathbb{D}^q \times \mathbb{D}^{n-q}$ とする。$q=0$ のとき $\partial\mathbb{D}^0 = \emptyset$ なので，貼り付ける部分がない。そこで空集合を同境のスタートと考え，そこに 0-ハンドルを貼り付けるとは，0-ハンドル $\mathbb{D}^0 \times \mathbb{D}^n \cong \mathbb{D}^n$ を空集合から $\partial\mathbb{D}^n$ への手術のトレースと考える。0-ハンドルの境界は $n-1$ 次元であることを勘案すれば，手術のトレースは n 次元である。また n-ハンドル $\mathbb{D}^n \times \mathbb{D}^0 \cong \mathbb{D}^n$ は，$\partial\mathbb{D}^n$ から空集合への手術のトレースと考える。

図 3.16　多様体のハンドル分解

◆ **定義 3.26** 空集合にハンドル $h_1, h_2, \ldots, h_k$ を順次加えた手術で境界がえられたとし，そのトレースを N とする。このとき $h_1 \cup h_2 \cup \cdots \cup h_k$ を N の**ハンドル分解**とよぶ。この場合も和 $\cup$ の順番に意味があるため，ハンドル分解の記号として

$$N = h_1 h_2 \cdots h_k$$

を用いることにする。

◆ **例 3.27** 球面 $\mathbb{S}^n$ の単純なハンドル分解として，0-ハンドル h_1 と n-ハンドル h_2 からなる分解 $\mathbb{S}^n = h_1 h_2$ がある（図 3.17）。つまり，二つの $\mathbb{D}^n$ を境界の微分同型で貼り合わせて球面をえる。結果が $\mathbb{S}^n$ に位相同型であることは，懸垂を考えれば分かりやすい。しかし微分同型類は決まらない。境界の微分同型が $\mathbb{D}^n$ の微分同型に拡張するか否かに関わり，エキゾティック球面が生じる原因になる。

図 **3.17** 球面のハンドル分解

◆ **例 3.28** 閉曲面のハンドル分解は多様体のトポロジーが既知なので作りやすい。たとえば種数 g の閉曲面のハンドル分解で，0-ハンドルが 1 個，1-ハンドルが $2g$ 個，2-ハンドルが 1 個の一例を図 3.18 に示す。

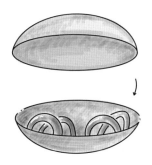

図 **3.18** 閉曲面のハンドル分解

つぎに，$n+1$ 次元同境のハンドル分解

$$W = Nh_1h_2\cdots h_k$$

を逆方向に見ることを考える．そのため q-ハンドル $h = \mathbb{D}^q \times \mathbb{D}^{n+1-q}$ に対し，直積因子の役割を変えた $(n+1-q)$-ハンドルを h の**余ハンドル**とよび，

$$h^* = \mathbb{D}^{n+1-q} \times \mathbb{D}^q$$

で表す．h^* のコアを h の**余コア**，接着球面 $A(h^*)$ を h の**余接着球面**とよぶ（図 3.19）．

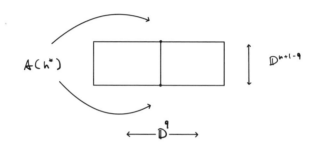

図 **3.19**　余ハンドル，余コア，余接着球面

$\partial_1 W = M$ に少し厚みをつけて，h の余ハンドル h_k^* を接着球面（$= h_k$ の余接着球面）に沿って貼り合わせると，$M \times [0,1] \cup h_k^*$ がえられる．以下この解釈を続けると，$W = Nh_1h_2\cdots h_k$ の双対ハンドル分解がえられる．これを

$$W^* = Mh_k^* h_{k-1}^* \cdots h_1^*$$

で表す．

◆**例 3.29**　3 次元の 0-ハンドルに g 個の 1-ハンドルを添加してえられる多様体を種数 g の**ハンドル体**という．ハンドル体は定義により自然なハンドル分解がある．さらに，g を指定したとき，その位相同型類が一意であることは，1-ハンドルの接着球面が 2 点からなることから容易に確かめられる．

　任意の向き付け可能な 3 次元閉多様体 N は，二つのハンドル体の和

$$N = H_1 \cup H_2$$

で表され，**ヘガード分解**とよばれる．そこで H_1, H_2 の空集合から始まるハンドル分解を $H_1 = h_0' h_1' \cdots h_g'$ および $H_2 = h_0 h_1 \cdots h_g$ とすれば，N は

$$N = h_0' h_1' \cdots h_g' h_g^* h_{g-1}^* \cdots h_0^*$$

で表されるハンドル分解をもつ．閉曲面 $H_1 \cap H_2$ 上では，ハンドルの接着球面（サークル）および余接着球面（サークル）の組 $\{A((h_i')^*), A(h_j^*) ; 1 \le i, j \le g\}$ があり，これをヘガード分解に付随する**ヘガード図式**という．ヘガード分解は一意ではないこと，さらにヘガード分解を固定してもヘガード図式は一意でないことは留意が必要である．

◆ **例 3.30** 3 次元球面 $\mathbb{S}^3$ のヘガード図式として図 3.20 で表示されるものがある．いかにも標準的で，1970 年代前半までの 3 次元ポアンカレ予想に対するアプローチとして，単連結という仮定からこのような図式がえられないかということを目指す研究があった．本間・落合（M. Ochiai）・高橋（M. Takahashi）[23] は，この指針で種数 2 の場合はポアンカレ予想が正しいことを証明している．

図 3.20 $\mathbb{S}^3$ の標準的ヘガード図式

3.3.2 モース関数

多様体や同境にいつでもハンドル分解があるかは定義だけからは非自明だが，それに肯定的に答えるのがモース理論である．

$(W; N, M)$ を $n+1$ 次元同境とする．すなわち，N, M は向き付けられた n 次元 C^∞-級閉多様体，W は向き付けられた $n+1$ 次元 C^∞-級コンパクト多様体で，その境界は向きを込めて $\partial W = N \sqcup -M$ とする．N, M は一方，あるいは双方空

集合であってもよい．同境 $(W; N, M)$ 上の関数 $f : W \to \mathbb{R}$ は，N および M 上ではそれぞれ定値写像であることを仮定する．$c \in W$ が f の**臨界点**であるとは，

$$\operatorname{rank} df_c = 0$$

のときと定義する．ここで df_c は f の c での微分を表し，c の周りの局所座標を $(x_0, x_1, \ldots, x_n)$ とすれば，

$$\operatorname{rank} df_c = \operatorname{rank} (\operatorname{grad}_c f) = \operatorname{rank} \left(\frac{\partial f}{\partial x_0}(c), \frac{\partial f}{\partial x_1}(c), \ldots, \frac{\partial f}{\partial x_n}(c) \right)$$

である．$\operatorname{rank} df_c$ の値は c の局所座標のとり方にはよらない．したがって，c が臨界点であることの条件は，

$$\frac{\partial f}{\partial x_0}(c) = \frac{\partial f}{\partial x_1}(c) = \cdots = \frac{\partial f}{\partial x_n}(c) = 0$$

と同じである．

臨界点 c が**非退化**であるとは，f の c におけるヘッシアン

$$\operatorname{Hess}_c f : T_c W \times T_c W \to \mathbb{R}$$

が非退化であることと定義する．ここでヘッシアンとは，c の周りの局所座標を $(x_0, x_1, \ldots, x_n)$ とすれば，

$$\operatorname{Hess}_c f = \left(\frac{\partial^2 f}{\partial x_i \, \partial x_j}(c) \right)_{0 \le i, j \le n}$$

で定義される $T_c W$ 上の対称 2 次形式である．ヘッシアンの 2 次形式としての**符号数**，すなわち正の固有値の個数 p と負の固有値の個数 q の対 (p, q) は，局所座標のとり方によらない．

◆ **定義 3.31**　同境 $(W; N, M)$ 上で定義された C^∞-級関数 $f : W \to \mathbb{R}$ が N および M では定値関数であるとする．f が**モース関数**であるとは，すべての f の臨界点が非退化であるときにいう．

◉ **例 3.32**　$[-2, 2]$ で定義される関数

$$f(x) = \begin{cases} -(x+1)^2 + 1 & (-2 \le x \le 0) \\ (x-1)^2 - 1 & (0 \le x \le 2) \end{cases}$$

は，0 で C^1-級だが，0 の近傍のみで摂動して $x = -1, 1$ が臨界点となる C^∞-級のモース関数にできる（図 3.21）．

図 3.21 $[-2, 2]$ で定義されるモース関数の例

◆ **例 3.33** シリンダー $\mathbb{S}^{n-1} \times [0, 1] \subset \mathbb{R}^{n+1}$ について，最後の座標への射影はモース関数で，臨界点はない（図 3.22）。

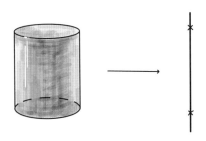

図 3.22 シリンダー

この例は，つぎのように一般化される。

◇ **命題 3.34** 同境 $(W; N, M)$ 上で定義された $f: W \to \mathbb{R}$ を，臨界点をもたないモース関数とする。このとき N と M は微分同型である。

証明 仮定より勾配 $\operatorname{grad} f$ は，W 上の特異点をもたない**勾配フロー**（ベクトル場）を定める（図 3.23）。N の各点に，そこを始点とする勾配フローの積分曲線の終点を対応させることにより，N から M への微分同型がえられる。   □

◆ **例 3.35** 球面 $\mathbb{S}^n \subset \mathbb{R}^{n+1} = \{(x_0, x_1, \ldots, x_n)\,;\, x_j \in \mathbb{R}\}$ について，最初の座標への射影 $f: \mathbb{S}^n \to \mathbb{R}$ はモース関数である（図 3.24）。北極 $N = (1, 0, \ldots, 0)$ と南極 $S = (-1, 0, \ldots, 0)$ が臨界点で，たとえば N の近傍の局所座標を $(x_1, x_2, \ldots, x_n)$ にとれば，

$$f(\boldsymbol{x}) = -\sqrt{1 - (x_1^2 + x_2^2 + \cdots + x_n^2)}$$
$$= -1 + x_1^2 + x_2^2 + \cdots + x_n^2 + \mathrm{O}(x_1^2 + x_2^2 + \cdots + x_n^2)$$

なので, N は $\mathrm{Hess}_N f$ の符号数が $(n, 0)$ の臨界点である。また南極 S でのヘッシアンの符号数は $(0, n)$ である。

　線形代数におけるシルベスターの慣性律の関数版が, つぎのモースの補題である。証明は C^∞-級関数に対し高次の項を座標関数に繰り込む工夫が必要で, 詳細は [41] を参照されたい。

◇ **補題 3.36 (モースの補題)**　$f : W \to \mathbb{R}$ をモース関数, $c \in W$ を f の非退化な

図 **3.23**　勾配フロー

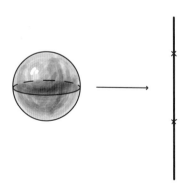

図 **3.24**　球面からのモース関数

臨界点とする。このとき c の局所座標 $(x_0, x_1, \ldots, x_n)$ として

$$f(x) = f(c) - x_0^2 - \cdots - x_{q-1}^2 + x_q^2 + \cdots + x_n^2$$

をみたすものが存在する。ここで q は $\mathrm{Hess}_c f$ の負の固有値の個数で，c のみに依存し，局所座標のとり方にはよらない。

◆ 定義 3.37 モース関数 $f : W \to \mathbb{R}$ の臨界点 $c \in W$ に対し，$\mathrm{Hess}_c f$ の負の固有値の個数，すなわちモースの補題の q を，f の c での**モース指数**という。モース指数は，ハンドルと同様に指数自身だけではなく W の次元を合わせて考える必要がある。

つぎに，W が $Nh_1 h_2 \cdots h_k$ とハンドル分解されていたとする。このとき W で定義されるモース関数で，臨界点が各ハンドルに対応するものが存在することを解説する。

まず $f_0 : N \times [0, 1] \to \mathbb{R}$ を第 2 成分への射影とする。これは $N \times [0, 1]$ 上のモース関数である。つぎに q-ハンドル $h_1 = \mathbb{D}^q \times \mathbb{D}^{n+1-q}$ から $(\boldsymbol{x}, \boldsymbol{y}) \in \mathbb{D}^q \times \mathbb{D}^{n+1-q}$ に対して

$$-\|\boldsymbol{x}\|^2 + \|\boldsymbol{y}\|^2$$

を対応させる関数を f_1' とし，$N \times [0, 1]$ と h_1 の間に緩衝領域を作り，さらに f_0 と f_1' の値を適当に平行移動して，f_0 と f_1' から Nh_1 上のモース関数 $f_1 : Nh_1 \to \mathbb{R}$ で $c_1 = (\boldsymbol{0}, \boldsymbol{0}) \in \mathbb{D}^q \times \mathbb{D}^{n+1-q}$ が唯一の指数 q の非退化特異点であるものを作ることができる。煩雑ではあるが，図 3.25 にしたがえば難しくはない。

この操作を続けていけば，h_i の中心を c_i とすると $W = Nh_1 h_2 \cdots h_k$ 上のモース関数 $h : W \to \mathbb{R}$ で，$c_1, c_2, \ldots, c_k$ が非退化臨界点になるものがえられる。ハンドルを加えたときにカドが生じるが，これは貼り合わせ部分の近傍で調節することにより解消できる。さらに，こうして最終的にえられるモース関数 $f : W \to \mathbb{R}$ は

$$f(c_1) < f(c_2) < \cdots < f(c_k) \tag{3.3}$$

をみたす。詳細は [41] を参照されたい。

逆に，条件 (3.3) をみたすモース関数からハンドル分解を構成することができる。そのための局所解析は，本質的にはモースの補題に帰着できる。モースの補題は指数が q の非退化臨界点 c_i の周りの局所座標 $U = \{(x_0, \ldots, x_{q-1}, y_q, \ldots, y_n)\} \subset \mathbb{R}^q \times \mathbb{R}^{n+1-q}$ と，モース関数 f の局所座標による表示をあたえる。U の中

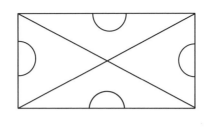

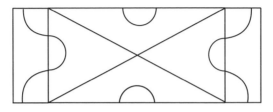

図 **3.25** 緩衝領域

に $V = \{(\boldsymbol{x}, \boldsymbol{y}) \in U \, ; \, \|\boldsymbol{x}\| \leq \varepsilon, \|\boldsymbol{y}\| \leq \varepsilon\}$ をとる。V はスケールを変えれば $\mathbb{D}^q \times \mathbb{D}^{n+1-q}$ と微分同型である。

f の勾配フローは，U では

$$(-2x_0, \ldots, -2x_{q-1}, 2y_q, \ldots, 2y_n)$$

であり，V における勾配フローの特異点 c_i に近づく積分曲線の軌跡は $A = V \cap \{(\boldsymbol{x}, \boldsymbol{0}) \, ; \, \boldsymbol{x} \in \mathbb{R}^q\} \cong \mathbb{D}^q \times \{\boldsymbol{0}\}$ であり，c_i から出ていく積分曲線の軌跡は $B = V \cap \{(\boldsymbol{0}, \boldsymbol{y}) \, ; \, \boldsymbol{y} \in \mathbb{R}^{n+1-q}\} \cong \{\boldsymbol{0}\} \times \mathbb{D}^{n+1-q}$ である（図 3.26）。

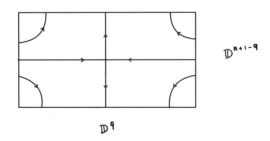

図 **3.26** 特異点の周りの積分曲線

f の値が $f(c) - \varepsilon$ となるレベル超曲面と V の共通部分は

$$f^{-1}(f(c) - \varepsilon) \cap V = \{(\boldsymbol{x}, \boldsymbol{0}) \in V \,;\, \|\boldsymbol{x}\| = \varepsilon\} = \partial A \cong \partial \mathbb{D}^q \times \{\boldsymbol{0}\}$$

で，$\mathbb{S}^{q-1}$ に微分同型である。また f の値が $f(c) + \varepsilon$ となるレベル超曲面と V の共通部分は

$$f^{-1}(f(c) + \varepsilon) \cap V = \{(\boldsymbol{0}, \boldsymbol{y}) \in V \,;\, \|\boldsymbol{y}\| = \varepsilon\} = \partial B \cong \{\boldsymbol{0}\} \times \partial \mathbb{D}^{n+1-q}$$

で，$\mathbb{S}^{n-q}$ に微分同型である。状況は図 3.27 を参照されたい。

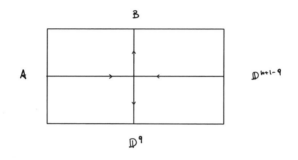

図 3.27　状況図

ここで，$A \cup B$ 以外では勾配フローは特異点をもたないため，$f^{-1}([f(c) - \varepsilon, f(c) + \varepsilon])$ から $A \cup B$ の勾配フローで不変な近傍を除けば，同境の始まり N と終わり M で微分同型類に変化はなく，$A \cup B$ の近傍での変化を観察すると M は N に q-ハンドルを添加することによりえられることが分かる。

同境 W に対するハンドル分解の存在は，以下の二つの命題で完結する。証明はいずれも [41] を参照のこと。

◇ **命題 3.38**　境界で定値な任意の C^∞-級関数 $f : W \to \mathbb{R}$ は，モース関数で C^∞-級近似できる。すなわち，f の C^∞-級位相に関する任意の近傍にモース関数が存在する。

◇ **命題 3.39**　モース関数は，摂動により (3.3) をみたすように変形できる。

以上で，同境 W のハンドル分解を考えることと W 上のモース関数を考えることが実質的に等価であることを解説した。

◇**命題 3.40**　モース関数に対応するハンドル分解 $W = Nh_1h_2\cdots h_k$ は，摂動により $\mathrm{index}\, h_j \leq \mathrm{index}\, h_{j+1}$ をみたすように変形できる。さらに，$\mathrm{index}\, h_j = \mathrm{index}\, h_{j+1}$ のとき，対応する臨界値が等しいように調節できる（このようなモース関数は**自己指数的**という）。

証明　[41] を参照されたい。 □

W を N から M への同境，$f : W \to \mathbb{R}$ を W の自己指数的モース関数とする。対応するハンドル分解を $W = Nh_1h_2\cdots h_k$ とし，ここに現れる q-ハンドルの和を，記号を混同させて h_q とする。すなわち h_q は元のハンドル $h_1, h_2, \ldots, h_k$ の中の q-ハンドルの和である。W は表示を縮約して，添字はハンドルの次数を反映させて

$$W = Nh_0h_1\cdots h_{n+1}$$

と表すことができる。添字が次元で制約されていることに注意されたい。ここから空間対 (W, N) のホモロジーを再現する方法を記す。

h_q に現れるハンドルのコアは q-セルである。さらに W は N にハンドルのコアを貼り合わせたセル複体にホモトピー同値である。(W, N) の相対セル分割に対応するセル複体のチェイン複体を

$$C\ :\ 0 \to C_{n+1} \to C_n \to \cdots \to C_1 \to C_0 \to 0$$

とすると，$H_*(W, N) = H_*(C)$ である。ちなみに C_q は h_q の各ハンドルを生成元とする $\mathbb{Z}$-加群である。

C の境界作用素を ∂ とするとき，h-同境定理の仮定である $H_*(W, N) = 0$ が成り立つとすると，任意の次数で $\mathrm{Im}\,\partial_{q+1} = \mathrm{Ker}\,\partial_q$ であり，たとえば

$$\mathrm{rank}\, C_1 \geq \mathrm{rank}\, C_0 \tag{3.4}$$

が成立する。

3.3.3　ハンドル相殺

ハンドル分解には無駄がありうる。

◆**例 3.41**　3 次元球面のハンドル分解で，各次数のハンドルが 1 個の

$$\mathbb{S}^3 = h_0h_1h_2h_3$$

を選ぶ。添字はハンドルの次数に一致し，$h_0 h_1$ はソリッドトーラスで，$h_0 h_1 h_2$ は
3 次元球体になる。このとき，$h_1 h_2$ は球体で h_0 に表面のディスク D で貼り付い
ている。そこで，$h_1 h_2$ を D へ変位レトラクトする。このとき $\mathbb{S}^3$ には，h_1 と h_2
が相殺されて 0-ハンドルおよび 3-ハンドル 1 個のハンドル分解が残る（図 3.28）。
すなわち h_1 と h_2 の対は $\mathbb{S}^3$ のトポロジーを知る上では本質的ではなかったとい
うことである。

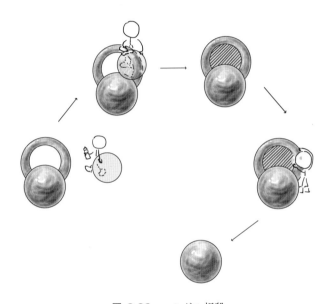

図 3.28 ハンドル相殺

　この例は，$h_1 h_2$ の境界のトーラス上で h_1 の余接着サークル $A(h_1^*)$ と h_2 の接
着サークル $A(h_2)$ が 1 点で交わっているという状況が本質的である。それゆえ h_1
の余コアと h_2 のコアの和の近傍がボールで，このボールを使ってモース関数を変
形し，対応する二つの臨界点を相殺できた。観察を一般化するのは容易で，次元と
か単連結性によらず，つぎが成立する。

◇ **補題 3.42（ハンドル相殺補題）**　$n+1$ 次元同境 W のハンドル分解 $W = N h_1 h_2 \cdots h_k$ において，$\partial_1(N h_1 h_2 \cdots h_l)$ における h_l の余接着球面 $A(h_l^*)$ と
h_{l+1} の接着球面 $A(h_{l_1})$ がただ 1 点で交わっていれば，ハンドル h_l, h_{l+1} は解消
でき，W の新たなハンドル分解

$$W = Nh_1 \cdots h_{l-1}h_{l+2} \cdots h_k$$

がえられる。

　　ハンドルの相殺前後で同じハンドルの記号を用いており曖昧だが，主張はモース関数の変形により必要なハンドルの個数を減らせることと理解されたい。

　　さらに二つの補題を用意する。

◇ **補題 3.43**　$H_0(W, N) = 0$ であれば，0-ハンドルは 1-ハンドルと相殺できる。

証明　不等式 (3.4) により，0-ハンドルの個数は 1-ハンドルの個数より少ない。あとはハンドル相殺補題を適用すればよい（図 3.29）。　　　　　　　　　　　□

図 **3.29**　0-ハンドル相殺

◇ **補題 3.44**　$W = Nh_1h_2 \cdots h_k$ は $N, M = \partial_1 W$ を結ぶ同境で，0-ハンドルはないとする。さらに W は単連結で $\dim W \geq 5$ とする。このとき 1-ハンドル h_1 は 3-ハンドルにトレードできる。

証明　$\partial_1(Nh_1)$ 上の h_1 の余接着球面と 1 点で交わる単純閉曲線 ℓ は，W が単連結で $\dim W \geq 5$ なので $h_2h_3 \cdots h_k$ の中で埋め込まれたディスク Δ を囲む。Δ の厚み付けを 2-ハンドル h_2' と 3-ハンドル h_3' の和とみなし，二つのハンドルを挿入する。ここで定義を見直すと，$h_1h_2'h_3'$ は h_1 と h_2' を相殺することにより 3-ハンドルとみなせる（図 3.30）。　　　　　　　　　　　　　　　　　　□

◇ **系 3.45**　W を $n+1$ 次元同境とする。W が単連結で $\dim W = n+1 \geq 5$ であれば，W は指数が $0, 1, n, n+1$ のハンドルをもたないハンドル分解を許容する。

証明　$W = Nh_1h_2 \cdots h_k$ および W^* に対し，上記の二つの補題を適用すればよい。　　　　　　　　　　　　　　　　　　　　　　　　　　　□

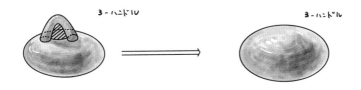

図 **3.30** 1-ハンドルのトレード

ホイットニー（H. Whitney）は，PL 圏での一般の位置に関する考察を C^∞-化し，n 次元 C^∞-級多様体は $\mathbb{R}^{2n}$ に自己交差が横断的となるように C^∞-級はめ込みでき，さらに $\mathbb{R}^{2n+1}$ に C^∞-級埋め込みできることを示した [66]. この事実はホイットニーの定理とよばれている．つぎの補題はその証明の核心で，手術理論では基本的である．次元の制限は本質的で，留意が必要である．

◇ **命題 3.46（ホイットニーの補題 [67]）** N を向き付けられた単連結 n 次元 C^∞-級多様体，$A, B \subset N$ をそれぞれ向き付けられた k 次元，$n-k$ 次元の連結 C^∞-級部分多様体で横断的に交わるとする．$n \geq 5$ で $2 \leq k \leq n-2$ とし，$A \cap B$ が代数的交点数が相殺する 2 点を含むとする．このとき，一方をイソトピーで動かして対応する 2 交点を解消できる．

証明 代数的交点数が相殺する 2 点を p, q とする．A, B の次元が 2 以上なので，$A \setminus (A \cap B \setminus \{p, q\})$ 上で p と q を結ぶ自己交差のない道 L, および $B \setminus (A \cap B \setminus \{p, q\})$ 上で p と q を結ぶ自己交差のない道 L' が存在する．このとき $\ell = L \cup L'$ は $A \cup B$ 上の単純閉曲線になる．N は単連結なので，ℓ は N の中で可縮であり，次元の関係から，ホイットニーの埋め込み定理 [66] により $N \setminus (A \cup B)$ で円板 Δ を囲むとしてよい（**ホイットニーディスク**とよぶ）．図 3.31 を参照されたい．

図 **3.31** ホイットニーディスク

Δ を使って A または B をイソトピーで変形し p, q を交点から除去する操作は，

図 3.32 によりあたえられ，**ホイットニートリック**とよばれている。イソトピーを
明示的に記述するのは面倒だが直感的には明らかだろう。　　　　　　　　　□

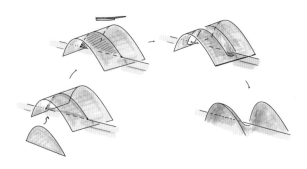

図 **3.32**　ホイットニートリック

以上で h-同境定理の証明の準備が整った。

h-同境定理の証明　ここでも h_q は q-ハンドルの和を意味するとし，$0, 1, n$ および
$n+1$ ハンドルは解消しておいて，$W = Nh_2 h_3 \cdots h_{n-1}$ からスタートする。対応
するモース関数 $f : W \to \mathbb{R}$ を，h_q の臨界点 c_q の値を q となるように選ぶ。対応
するチェイン複体は

$$0 \to C_{n-1} \to \cdots \to C_3 \xrightarrow{\partial_3} C_2 \to 0$$

で，仮定より非輪状である。

　C_2 のハンドル分解に対応する基底を $\{z_1, \ldots, z_k\}$ とし，基底の各要素に対応
するハンドルを $h_1^2, \ldots, h_k^2$ とする。このとき C_3 の基底の一部をなすチェイン
$b_1, \ldots, b_k$ で，$\partial b_1 = z_1, \ldots, \partial b_k = z_k$ をみたすものを選び，$b_1, \ldots, b_k$ がハンド
ル分解に対応するようにモース関数を変形し，対応するハンドルを $h_1^3, \ldots, h_k^3$ で
表す。このとき $f^{-1}(5/2)$ は W のハンドル分解に 1-ハンドルがないことから単連
結であり，h_1^2 の余接着球面 $A((h_1^2)^*)$ と h_1^3 の接着球面 $A(h_1^3)$ の代数的交点数は
± 1 で，次元の条件からホイットニーの補題により幾何学的に 1 点とできる。した
がってハンドル相殺補題から h_1^2 と h_1^3 は相殺される。この操作を続ければ，W に
ついて 2-ハンドルなしのハンドル分解がえられ，$C_2 = 0$ としてよい。

　同じ議論を $C_3, C_4, \ldots$ に続ければ，W は最終的にハンドルをもたない同境に変
形できる。とくに，対応するモース関数の勾配フローは，W と $N \times [0, n+1]$ の
間の微分同型をあたえる。　　　　　　　　　　　　　　　　　　　　　　□

4

4次元

　5次元以上のポアンカレ予想の解決の手法を4次元に適用することを考えると、ホイットニートリックが使えないことが当面の障害になる。この障害を回避するアイデアがキャッソン（A. Casson）により提起され、それを元にフリードマンが、単連結4次元多様体のトポロジーの分類定理を完成させた。本章はその概要を解説する。

　フリードマン理論の全容に踏み込むことはできない。詳細は原典 [15] を参照されたい。また、概要の理解には上（M. Ue）と久我（K. Kuga）による論説 [63] がたいへん参考になる。

4.1　キャッソンハンドル

4.1.1　4次元多様体の交差形式

　N を単連結4次元 C^∞-級閉多様体とする。このとき 3.1.2 項で、自由 $\mathbb{Z}$-加群である $H^2(N)$ 上にカップ積と基本類とのキャップ積の合成により交差形式が定義できることを解説した。ポアンカレ双対性を経由すると、$H^2(N)$ 上の交差形式は $H_2(N)$ 上で非退化対称双1次形式

$$\cdot : H_2(N) \times H_2(N) \to \mathbb{Z}$$

を定める。混同させてこれも N の**交差形式**とよぶ。コホモロジーに比べ、ホモロジー類の代表元はサイクルで表せるので交差の幾何学的意味が分かりやすい。

　N が単連結であることを仮定すると、フレヴィッチの定理により $H_2(N) \cong \pi_2(N)$ なので、$H_2(N)$ の元は、標準的な向きを付けた $\mathbb{S}^2$ からの連続写像 $g : \mathbb{S}^2 \to N$ で実現できる。さらに g はワイエルシュトラス（K. Weierstrass）の近似定理により C^∞-級写像で近似でき、ホイットニーの定理からその像の自己交差は横断的である

ようにとることができる．以降，写像 g は最初からこのような状況をみたしている
とする．

　g の像の自己交差を解消する**平滑化**とよばれる操作を定義する．2 次元複素ユー
クリッド空間 $\mathbb{C}^2$ の中で複素数 x-平面 X と複素数 y-平面 Y が原点で横断的に
交わっている状況がモデルである．X, Y には複素数の構造から決まる自然な向き
がある．原点のボール近傍の境界である $\mathbb{S}^3$ では，$(X \cup Y) \cap \mathbb{S}^3$ は向き付けられ
た**ホップ絡み目**をなす（図 4.1）．そこで X, Y の原点の閉近傍の内部はカットし，
ホップ絡み目の二つの成分を $\mathbb{S}^3$ 内で向きが整合するように**アニュラス**（すなわち
$\mathbb{S}^1 \times [0,1]$ と位相同型な図形）で結ぶ．

図 4.1　ホップ絡み目と平滑化

　$g(\mathbb{S}^2)$ の各自己交差点を平滑化すれば，像のトポロジーは変わるがホモロジー類
は同じ自己交差をもたない 2 次元部分多様体がえられる．すなわち，$H_2(N)$ の元
は埋め込まれた 2 次元部分多様体で代表できる．逆に，N の任意の向き付けられ
た 2 次元部分多様体はサイクルであり $H_2(N)$ のある要素を代表する．

　二つの向き付き 2 次元部分多様体 a, b の**代数的交点数** $a \cdot b$ はつぎのように定義
される．つまり，a と b の交わりは横断的であるとするとき，$a \cap b$ の各点 p で a
および b の向きと N の向きを比較することにより符号 $\operatorname{sign} p = \pm 1$ が定まり，

$$a \cdot b = \sum_{p \in a \cap b} \operatorname{sign} p$$

により定義される．ホモロジーの交差形式 $\cdot$ と同じ記号を用いる理由は

$$[a] \cdot [b] = a \cdot b$$

が成り立つからである．すなわち，$a \cdot b$ は a と b をホモロジー類が等しい 2 次元
部分多様体 a', b' で交わりが横断的であるものに置き換えても変わらない．ちなみ
に，代数的自己交点数 $a \cdot a$ は，a を法束の中で少し摂動して a と横断的に交わる
a' を選び，a と a' の交点の符号和として解釈できる．その値は a の法束のオイ
ラー数 $e(a)$ に等しい．

✔ **注意 4.1**　$H_2(N)$ の元を部分多様体ではなく $\mathbb{S}^2$ からの横断的な C^∞-級写像（あるいはその像）とみなしたときも，異なる元の間の交点数は同じ解釈ができるが，自己交差については法束のオイラー数そのものではなく誤差項が生じる。$H_2(N)$ の元が $\mathbb{S}^2$ のはめ込み像 a で実現されたとする。a の自己交差の各交点での符号の総和を $\mathrm{Self}(a)$ とすると，

$$a \cdot a = e(a) - 2\,\mathrm{Self}(a)$$

である（図 4.2）。

図 **4.2**　$\mathrm{Self}(a) = 1$ の場合

　自由 $\mathbb{Z}$-加群 H 上で定義された $\mathbb{Z}$ 上の非退化対称双 1 次形式

$$\langle \cdot, \cdot \rangle : H \times H \to \mathbb{Z}$$

は，H の基底 $\{a_1, a_2, \ldots, a_k\}$ を固定すると対称行列 $(\langle a_i, a_j \rangle)$ で表すことができる。行列の正の固有値の個数と負の固有値の個数の組を符号数と定義した。一方，非退化を仮定すると符号数に現れる二つの数の和は H の階数であり，一方が分かれば他方が分かるという関係にある。そこで正の固有値の個数から負の固有値の個数を引いた数も**符号数**とよぶこととし（『岩波 数学辞典 第 4 版』では慣性指数と記されている），符号数については両方の定義を採用する。整数の組で表される場合は前者，単なる整数で表される場合は後者と解釈する。

　つぎの純代数的な性質は重要である。

◆ **定義 4.2**　任意の $a \in H$ に対し $\langle a, a \rangle \equiv 0 \mod 2$ であるとき $\langle \cdot, \cdot \rangle$ は**タイプ II**，そうでないときは**タイプ I** という。

　非退化対称双 1 次形式 $\langle \cdot, \cdot \rangle$ がタイプ II であることと，対応する対称行列の対角成分がすべて偶数であることが同値である。$\mathbb{Z}$ 上の対称双 1 次形式の純代数理論はたいへん深く，現在も研究が進行中である。たとえばタイプ II の非退化対称双 1 次形式の符号数は 8 で割り切れることが知られている。

[コメント 4.3]　向き付け可能な単連結 4 次元 C^∞-級閉多様体 N の交差形式に関しては，タイプ II であることと N の接束に随伴する主 SO(3)-束がスピン束にもち上がることは同値である．さらにこの場合，符号数は 16 で割り切れることがローリン（V. Rokhlin）により示された [54]．

◆ **例 4.4**　複素射影平面 $\mathbb{CP}^2$ の 2 次ホモロジー群は階数 1，交差形式はタイプ I で，対応する行列は

$$(1)$$

である．

◆ **例 4.5**　$N = \mathbb{S}^2 \times \mathbb{S}^2$ とすると，$H_2(N) \cong \mathbb{Z} \oplus \mathbb{Z}$ であり，積構造の各因子を $H_2(N)$ の基底に選べば，対応する行列は双曲型とよばれる

$$\begin{pmatrix} 0 & 1 \\ 1 & 0 \end{pmatrix}$$

で，タイプ II である．

◆ **例 4.6**　3.1.2 項で解説したディンキン図形 E_8 に対応して構成される 4 次元多様体 M は，閉ではないが境界 $\partial M = \Sigma(2,3,5)$ がホモロジー球面なので，交差形式は非退化になり，ホモロジー論的性質は閉多様体と同じである．この交差形式はタイプ II で，対応する行列 E_8 を再掲する．

$$E_8 = \begin{pmatrix} -2 & & & 1 & & & & \\ & -2 & 1 & & & & & \\ & 1 & -2 & 1 & & & & \\ 1 & & 1 & -2 & 1 & & & \\ & & & 1 & -2 & 1 & & \\ & & & & 1 & -2 & 1 & \\ & & & & & 1 & -2 & 1 \\ & & & & & & 1 & -2 \end{pmatrix}$$

E_8 の符号数は -8 で，タイプ II の非退化対称双 1 次形式の直和を積とする半群の生成元の一つになっている．しかし，ローリンの定理 [54] により E_8 は単連結 4 次元 C^∞-級閉多様体の交差形式にはなりえない．

　交差形式は（コ）ホモロジーを用いて定義されるので，ホモトピー不変量である．さらに $f : N \to M$ をホモトピー同値写像とすると，f は対応する交差形式の間の

等長写像を導く。実は逆が成り立つことがミルナーにより証明されている [38]。実際の主張は C^∞-級よりは少し弱い仮定の下で証明されているが，簡単のため C^∞-級の場合に定式化する。

◇ **定理 4.7（ミルナー [38]）** N, M を単連結 4 次元 C^∞-級閉多様体とする。N の交差形式と M の交差形式の間に等長写像 h が存在すれば，h を誘導するホモトピー同値写像 $f : N \to M$ が存在する。

したがって，単連結 4 次元 C^∞-級閉多様体の圏においては交差形式の同型類がホモトピー同値類の完全不変量になっている。証明は短い論文である原典 [38] を参照されたい。

4.1.2 h-同境定理の証明再考

この項では，前章の h-同境定理の証明は 5 次元でどこが破綻するかを確認する。

W を N から M への単連結 5 次元 C^∞-級 h-同境とする。$H_1(W, N) = 0$ および $H_1(W, M) = 0$ なので，補題 3.43 より，モース関数を適当に選ぶことにより 0-ハンドルおよび 5-ハンドルはないと仮定できる。さらに，W は単連結なので補題 3.44 より 1-ハンドルを 3-ハンドルに，さらに 4-ハンドルを 2-ハンドルにトレードできる。すなわち W は指数 2, 3 のみの臨界点をもつ自己指数的モース関数 $f : W \to [0, 5]$ を許容するとしてよい。2-ハンドルを $h_1, h_2, \ldots, h_m$，3-ハンドルを $d_1, d_2, \ldots, d_m$ とする。

中間にある 4 次元多様体 $P = f^{-1}(5/2)$ に，N 側に m 個および M 側に m 個の 3-セルを加えると W とホモトピー同値な CW 複体がえられる。したがって，W は単連結だったので P も単連結である。2-ハンドルの余接着球面 $a_i = A(h_i^*)$ の組 $\{a_i\}$ は，法束が自明で，互いに交わりはなく，さらに $A = \bigcup a_i \subset P$ とおくと，$P \setminus A$ は P から m 個の $\mathbb{S}^1$ を除いた空間に微分同型なので単連結である。3-ハンドルの接着球面 $b_j = A(d_j)$ の組 $B = \bigcup b_j \subset P$ についても同様の事実が成り立つ（図 4.3 参照）。

$H_2(P)$ は $\{[a_i], [b_j] ; 1 \le i, j \le m\}$ で生成され，基底の半分の $\{[b_j]\}$ を適当に線形変換で置き換え，対応して 3-ハンドルも置き換えて同じ記号を用いることで，代数的交点数は，任意の $1 \le i, j, k, l \le m$ に対して

$$a_i \cdot a_k = 0, \qquad b_j \cdot b_l = 0, \qquad a_i \cdot b_j = \delta_{ij}$$

としてよい。ただし，δ_{ij} は**クロネッカーのデルタ**，すなわち

$$\delta_{ij} = \begin{cases} 1 & (i = j \text{ のとき}) \\ 0 & (i \neq j \text{ のとき}) \end{cases}$$

である。したがって，P の交差形式はタイプ II になる。

　ここで a_i と b_j の**幾何的交点数**，すなわち $a_i \cap b_j$ の濃度が δ_{ij} とできればよいが，命題 3.46 は次元の制約で使えない。a_i と b_j の代数的に相殺される交点を解消する術がないのが問題であった（図 4.4）。

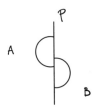

図 **4.3**　$A \cup B$ と P

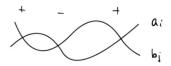

図 **4.4**　無駄な交差

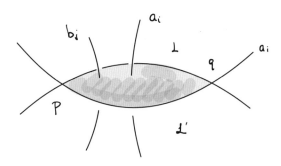

図 **4.5**　Δ との交点

状況をより具体的に記す。a_i, b_j の代数的符号が相殺する交点 p, q を選び，各々を a_i 上の道 L および b_j 上の道 L' で結ぶ。道の和であるループ $\ell = L \cup L'$ が $a_i \cup b_j$ の補空間で a_i, b_j とは交わらない埋め込まれたディスクがとれるとは限らない。この時点で何が起こりうるかを整理する。まず P は単連結なので，ℓ は P ではめ込まれたディスク Δ を囲む。境界の近傍では埋め込みであると仮定してよく，起こりうる交差は a_i と Δ，b_j と Δ および Δ 自身である（図4.5）。すなわち，ハンドル相殺を実行するためにはいろいろな交点の対処が必要である。

4.1.3 キャッソンのアイデア

本項ではキャッソンのアイデアを解説する。これは，ホイットニートリックを実行するために，前項で記した起こりうる交点を処理するトリックである。

ホイットニーディスク Δ は境界があることから，Δ の内部と a_i, b_j との交点はつぎのように解消できる。すなわち，交点と Δ の境界を結ぶパスに沿って a_i, b_j を，境界の近傍は固定し変形の過程がはめ込みであることを保つ**正則ホモトピー**で押し出すことにより解消できる（**キャッソンムーブ**とよばれている，図4.6）。キャッソンムーブは，a_i または b_j の自己交差を増やすか，a_i と b_j の交差を増やすかの選択肢がある。

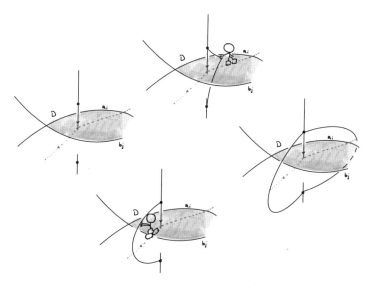

図 **4.6** キャッソンムーブ

　キャッソンムーブを用いて A, B をイソトピーで動かすことにより，$\mathrm{int}\,\Delta$ を $A \cup B$ の補空間にとりたい。これを実現するのがキャッソンの1番目のアイデアである。詳細の解説のため，結び目理論の用語を定義する。X を単連結 n 次元多様体，$K \subset X$ を球面と位相同型である余次元2の部分多様体とする。K の閉管状近傍のファイバーの境界をメリディアンという。$X \setminus K$ にメリディアンを境界とする 2-セルを添加すると，そのホモトピー型は $X \setminus (K \setminus \{pt\}) \simeq X \setminus \{pt\}$ であり，単連結になる。このことを基本群の言葉に置き換えると，$\pi_1(X \setminus K)$ はメリディアンの正規閉包，すなわちメリディアンが生成する部分群を含む最小の正規部分群に一致している，となる（図 4.7 参照）。

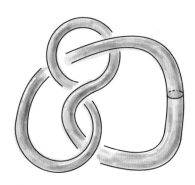

図 4.7　メリディアンとその正規閉包

◇**命題 4.8（キャッソン [9]）**　$A = \bigcup a_i, \; B = \bigcup b_j$ を適当に選べば，$\pi_1(P \setminus (A \cup B)) = 1$ とできる。

証明　最初に，A, B のメリディアンの集合が生成する部分群の正規閉包が $\pi_1(P \setminus (A \cup B))$ と一致することに注意する。この事実は，$A \cap B \neq \emptyset$ ではあるが，上述の結び目理論の議論を適用すれば分かる。以降は，A をうまくイソトピーで動かして A' とし，A' および B のメリディアンが $A' \cup B$ の補空間で可縮になることを示す。
　まず，P の中に a_i との幾何的交点数が1のはめ込まれた球面 T_{a_i} を構成する。$P \setminus A$ が単連結であったことから，a_i のメリディアンは $P \setminus A$ で可縮である。T_{a_i} は，メリディアンが管状近傍内で囲むディスクと管状近傍の補空間で囲むディスクを貼り合わせればえられる。とくに，$j \neq i$ であれば $T_{a_i} \cap a_j = \emptyset$ である。このような性質をもつ T_{a_i} を a_i の**幾何的双対**とよぶ（図 4.8）。

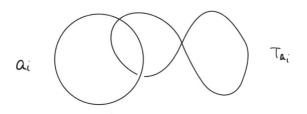

図 **4.8** 幾何的双対

T_{a_i} のホモトピー類のとり方は一意ではないが, メリディアンが管状近傍の補空間で囲むディスクのホモトピー類を適当に選ぶことにより b_i とホモトピックであるとしてよい。このことを確認するために, 代数的交点数の計算から, T_{a_i} のホモロジー類は基底を用いて

$$[T_{a_i}] = \sum_j \alpha_j [a_j] + [b_i]$$

と表せることに注意する, ここで α_j は整数である。A の補空間にある a_j と平行な球面を, 向きを加味して $-\alpha_j$ 個用意し, a_i のコピーについては T_{a_i} との交点を向きと整合性を保つように平滑化する。この平滑化は異なる球面同士の平滑化なのでトポロジーを変えない。$j \neq i$ のときは a_j のコピーと T_{a_i} の両者を結ぶ向きの整合性を保つパスに沿ってチュービングする (図 4.9)。その結果を同じ記号で T_{a_i} と表せば, $[T_{a_i}] = [b_i]$ となる。

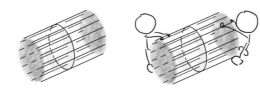

図 **4.9** チュービング前の平滑化

T_{a_i} をこのように選べば, 任意の j について $T_{a_i} \cdot b_j = 0$ である。そこで, $T_{a_i} \cap b_j$ の代数的交点数が相殺する 2 点 p, q を解消するための自己交差をもちうる特異ホイットニーディスクを Δ とする。$P \setminus B$ は単連結なので, $\mathrm{int}\,\Delta$ は $P \setminus B$ にとる。T_{a_i} を Δ に沿って特異ホイットニートリックを実行する (図 4.10 参照)。その際,

ホイットニートリックを P 全体のイソトピーに拡張して A を A' に移すことにより $\operatorname{int}\Delta \cap A' = \emptyset$ とできる。a_i のイソトピー変形後の a_i' は，B とは交わらない幾何的双対 $T_{a_i'}$ をもつ。とくに A' の各成分のメリディアンは $A' \cup B$ の補空間で可縮である。

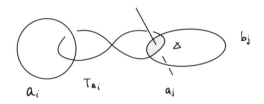

図 4.10 特異ディスクに沿うホイットニートリック

　あとは B のメリディアンが $A' \cup B$ で可縮であることを示せば十分である。b_j の幾何的双対 T_{b_j} を $|T_{b_j} \cap a_i'| = \delta_{ij}$ をみたすように作るには，特異ノーマントリック [48] を用いる（図 4.11 参照）。すなわち，T_{b_j} と a_i' の交点と a_i' と $T(a_i')$ の交点を，a_i' 上で結ぶパスに沿って T_{b_j} と $T_{a_i'}$ をチュービングすることにより除去するトリックである。結果として，$T_{b_j} \cap A' = \emptyset$ となり，b_j のメリディアンは $A' \cup B$ の補空間で可縮となる。　　　　　　　　　　□

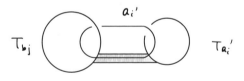

図 4.11 特異ノーマントリック

　以上の前処理で，$A = \bigcup a_i$, $B = \bigcup b_j$ は，各々交わりのない埋め込まれた球面の集合で，$\pi_1(P \setminus (A \cup B)) = 1$ とできることが分かった。

　以下で事情を効率よく記述するため，一つ用語を定義する。

◆**定義 4.9**　4 次元多様体 Q の部分集合 $X \subset Q$ が π_1-ネグリジブルであるとは，包含写像 $\iota : Q \setminus X \to Q$ が誘導する基本群の準同型

$$\iota_* : \pi_1(Q \setminus X) \to \pi_1(Q)$$

が同型であるときとする。

文字通り，X の存在が π_1 に影響をあたえないということである。キャッソンの前処理をこの用語を用いて表すと，$A \cup B$ は，A をイソトピーで動かすことにより π_1-ネグリジブルにできるといえる。

命題 4.8 の証明に含まれた主張の一部は，つぎのように定式化し直すとたいへん有用になる。

◇ **命題 4.10（キャッソン [9]）** Q を向き付け可能な単連結 4 次元 C^∞-級境界付きコンパクト多様体とする。プロパーなはめ込み $f : (\mathbb{D}^2, \partial\mathbb{D}^2) \to (Q, \partial Q)$ に対し $D = f(\mathbb{D}^2)$ とおくと，

$$H_1(Q \setminus D) = 0$$

であれば，f に境界を固定して正則ホモトピックな写像 $f' : (\mathbb{D}^2, \partial\mathbb{D}^2) \to (Q, \partial Q)$ で，$\pi_1(Q \setminus f'(\mathbb{D}^2)) = 1$ をみたすものが存在する。とくに，D は正則ホモトピーで π_1-ネグリジブルにできる。

命題 4.10 の証明の前に，まず D の存在を保証する補題を用意する。

◇ **補題 4.11** P から $A \cup B$ の開正則近傍 $\mathcal{N}(A \cup B)$ を除いた部分には，命題 4.10 の仮定をみたす D が存在する。

証明 $Q = P \setminus \mathcal{N}(A \cup B)$ とする。Q は単連結 4 次元境界付きコンパクト多様体で，ホイットニートリックを実現するためのループ ℓ を ∂Q にもち上げて同じ記号 ℓ で表すと，$H_1(\partial Q)$ の非自明な原始元を代表する。ℓ が Q 内で囲むはめ込まれたディスクを D とする。$H_1(Q \setminus D) = 0$ を示せばよい（図 4.12 参照）。

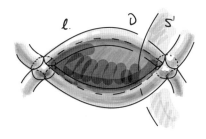

図 4.12 D

$[D] \in H_2(Q, \partial Q)$ は $\partial D = \ell$ より非自明な原始元で，境界付きコンパクト多様体のポアンカレ双対性から双対元 $[S] \in H_2(Q)$ として $D \cdot S = 1$ をみたすものが存在する。ホモロジー類 $[S]$ を実現する D とただ 1 点で交わるサイクル S' は，S と D の代数的交点数が相殺する無駄な 2 交点を結ぶ D 上のパスに沿って S をチュービングすればえられる。S' は D のメリディアンのホモロジー類がゼロであることを意味する。したがって $H_1(Q \setminus D) = 0$ である。 　　　　□

　はめ込まれたディスク D のメリディアンは基本群の元としてはユニークではなく基点からのパスのとり方によることに注意する。

　つぎに，命題 4.10 の証明のための補題を示す。

◇ **補題 4.12**　D の二つのメリディアンを m, m' とする。D の適当なキャッソンムーブの結果 D' として，

$$\pi_1(Q \setminus D') \cong \pi_1(Q \setminus D)/\langle [m, m'] \rangle$$

をみたすものが選べる。ここで $[\cdot, \cdot]$ は交換子，$\langle \cdot \rangle$ は正規閉包を表す。

証明　メリディアン m, m' の底となる D 上の 2 点を $Q \setminus D$ 上のパス l で結び，m の底の近辺をパス l に沿って m' の底の近辺を越えるところまでキャッソンムーブを行い D' をえる（図 4.13 参照）。D' に新たに生じた自己交差の組に対しては自明なホイットニーディスク Δ が存在し（図 4.14 参照），$\pi_1(Q \setminus D) \cong \pi_1(Q \setminus (D \cup l)) \cong \pi_1(Q \setminus (D \cup \Delta))$ である。

　D' の新たに生じた自己交差点 s の近傍は $\mathbb{C}^2 = \{(x, y) ; x, y \in \mathbb{C}\}$ の原点の近傍と微分同型であり，D' の原点のリンクであるホップ絡み目 $L \subset \mathbb{S}^3$ を考えることと，s の Q 内での近傍の境界を考えることは同じである。この解釈を使えば，$\mathbb{S}^3 \setminus L$ はトーラス $T \subset \mathbb{S}^3 \setminus L$ に変位レトラクトし，$\{x = 0\}$ および $\{y = 0\}$ のメリディアンをそれぞれ T 上にとれば，$\pi_1(T)$ は m, m' で生成される。$T \cap \Delta$ は 1 点であり，したがって D のメリディアン m_D は m, m' の交換子 $[m, m']$ にホモトピックである。さらに T は $Q \setminus D'$ に存在しているので，m_D は $\pi_1(Q \setminus D')$ で自明な元となる。

　そこで $\pi_1(Q \setminus (D \cup \Delta))$ と $\pi_1(Q \setminus D')$ を比較する。$Q \setminus (D \cup \Delta)$ に Δ を加えることにより $Q \setminus D'$ がえられるので，基本群で Δ のメリディアン m_D が生成元に加わる。ところが m_D は可縮なので，$\pi_1(Q \setminus D')$ は，$\pi_1(Q \setminus D)$ から $[m, m']$ を単位元としてえられる。

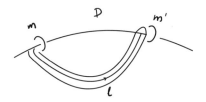

図 4.13 キャッソンムーブ再掲

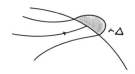

図 4.14 自明な Δ

　キャッソンムーブによる基本群の変化がこれしかないことは，埋め込まれたディスク Δ を加えることで新たに生じる生成元は Δ のメリディアン m_D のみであることから分かる。 □

命題 4.10 の証明 $H_1(Q \setminus D) = 0$ より，$\pi = \pi_1(Q \setminus D)$ は交換子群 $[\pi, \pi]$ に等しい。したがって，補題 4.12 を繰り返し使えばよい。有限回で終了することは演習として残す。 □

　ここまでで $Q = P \setminus \mathcal{N}(A \cup B)$ の境界上のループ $\ell \subset \partial Q$ が囲むはめ込まれたディスク D_1 について，正則ホモトピーで変形後の D_1' は π_1-ネグリジブルにできた。この操作は，つぎのとおりであった。∂Q 上の互いに交わりのないループ（ホイットニーディスクの境界）の組 $\ell_1, \ell_2, \ldots, \ell_k$ を，$\pi_1(\mathcal{N}(A \cup B))/\langle \ell_1, \ell_2, \ldots, \ell_k \rangle = \{1\}$ となるように選ぶと，命題 4.10 を帰納的に使うことにより各 ℓ_j に囲まれる，互いに交わりのないはめ込まれたディスクの組 D として π_1-ネグリジブルであるものがえられる。各 D に法方向に厚みを付けた $\mathcal{N}(D)$ がキャッソンハンドル構成の第一段階である（図 4.15）。

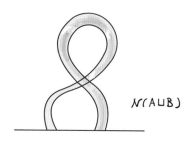

図 **4.15** キャッソンハンドル構成の第一段階

4.1.4 キャッソンハンドルの定義

　説明を簡単にするため，前節の D は連結，すなわち A, B の相殺する自己交差は一組だとする。このように限定しても，キャッソンハンドルの本質は損なわれない。

　横断的な自己交差をもつプロパーなはめ込み $f : (\mathbb{D}^2, \partial\mathbb{D}^2) \to (Q, \partial Q)$ の像 $f(\mathbb{D}^2) = D$ が対象である。D が自己交差をもたない場合は $A \cap B$ の代数的交点数が相殺する 2 交点をホイットニートリックで解消できるので，そもそも自己交差があるとする。D を法方向に $\mathbb{D}^2$ で厚み付け，f をはめ込み

$$F : (\mathbb{D}^2 \times \mathbb{D}^2, \partial\mathbb{D}^2 \times \mathbb{D}^2) \to (Q, \partial Q)$$

に拡張する，ただし $\partial\mathbb{D}^2 \times \mathbb{D}^2$ では埋め込みとする。これを [63] にしたがって擬 2-ハンドルとよぶことにする（図 4.16）。この用語は便利で，たとえば，$\mathcal{N}(A \cup B) \cup F(\mathbb{D}^2 \times \mathbb{D}^2)$ は，$\mathcal{N}(A \cup B)$ に D をコアとする擬 2-ハンドルを接着した空間と表現できる。

図 **4.16** 擬 2-ハンドル

擬 2-ハンドルのトポロジーは，Q から離れてより内在的に定義することができる．すなわち，$\mathbb{D}^2$ の $\mathbb{R}^4$ への横断的なはめ込みの像を法方向へ $\mathbb{D}^2$ で厚み付けたものと定義できる．自己交差の近傍では一方の低空間を他方のファイバーに貼り合わせるプラミング方式で行う．

キャッソンハンドルの第一段階 T_1 は，$\mathcal{N}(A \cup B)$ に接着する擬 2-ハンドル h_1 のことであり，

$$T_1 = h_1$$

である．h_1 はハンドルとしたが，複数の擬 2-ハンドルの交わりのない和であってもよく，とくに混乱は生じないので同じ記号を使う．

最も単純なキャッソンハンドルの第一段階は，自己交差を 1 点だけもつ $\mathbb{D}^2$ をコアとする擬 2-ハンドル h_1 そのもので，位相的には $h_1 = \mathbb{S}^1 \times \mathbb{D}^3$ である．しかし，接着面は $\partial h_1 = \mathbb{S}^1 \times \partial \mathbb{D}^3$ の中で，図 4.17 のように位置する．

図 **4.17** キャッソンハンドル第一段階の接着球面

キャッソンハンドル構成の第二段階を定義するため，擬 2-ハンドル h の開擬 2-ハンドルを，F を $(\mathbb{D}^2 \times \mathrm{int}\,\mathbb{D}^2, \partial \mathbb{D}^2 \times \mathrm{int}\,\mathbb{D}^2)$ に制限したときの像として定義し，

図 **4.18** 開擬 2-ハンドル

h° で表すことにする（図 4.18）．開擬 2-ハンドル h° は，T の内部ではなく法方向の内部の和で，相対的内部であり，接着面 $F(\partial\mathbb{D}^2 \times \mathrm{int}\,\mathbb{D}^2)$ は境界に残っている．

$Q \setminus h_1^\circ$ は境界をもつコンパクト多様体である．その π_1 を自明化するために，命題 4.10 を適用して D_1 を正則ホモトピーで動かして Q で D_1 が π_1-ネグリジブルであるとし，$Q \setminus T_1^\circ$ の π_1 を自明化する次のディスク D_2 を $Q \setminus T_1^\circ$ の中で貼り付け，$\mathcal{N}(A \cup B) \cup T_1$ に $Q \setminus T_1^\circ$ の中で D_2 がコアとなる擬 2-ハンドル h_2 を接着する．

$$T_2 = h_1 \cup h_2$$

をキャッソンハンドル構成の第二段階とよぶ（図 4.19）．第一段階と同様に h_2 は交わりのない擬 2-ハンドルの和であってもよく，その場合も同じ記号を使う．

図 4.19　キャッソンハンドル構成の第二段階

この操作を k 回続けたキャッソンハンドルの第 k 段階を T_k で表す．仮に第 k 段階で加える擬 2-ハンドル h_k が真の 2-ハンドルだったとすると，T_k は通常の 2-ハンドルになり，ホイットニートリックが使えて交点対が解消される．それは期待できないとし，限りなくこの操作を続ける．しかし Q はコンパクトなので少しケアが必要である．

T_k の構成に用いられる擬 2-ハンドル h_k をすべて開擬 2-ハンドル h_k° に置き換えて，

$$T_k^\circ = \bigcup_{i=1}^{k} h_i^\circ$$

とおくと，T_k° は T_1 の接着面 ∂ を法として開集合の増大列になり，帰納極限を Q

内でとることができる。

◆ 定義 4.13　増大列

$$T_1^\circ \subset T_2^\circ \subset \cdots$$

の帰納極限をキャッソンハンドルとよび $\mathcal{CH}$ で表す。

✔ 注意 4.14　キャッソンハンドルの構成は構成要素である擬 2-ハンドルのトポロジー
も様々であり，特定の対象に対する用語ではなく集合名詞として理解する必要がある。

　キャッソンハンドルが共通にもつ性質を一つ挙げる。厚み付けの部分を無視して，
キャッソンハンドルの定義により，第 k 段階の擬 2-ハンドルは T_{k-1} の π_1 を自明
化するように接着したから，

$$\pi_1(T_k^\circ) \to \pi_1(T_{k+1}^\circ)$$

はゼロ写像で，構成の有限段階では基本群が非自明だが，帰納極限では単連結に
なる。

◇ 補題 4.15　任意のキャッソンハンドル $\mathcal{CH}$ の内部は $\mathbb{B}^4$ に微分同型である。

証明　キャッソンハンドルの有限段階 T_k の内部は，位相的には $\mathbb{S}^1 \times \mathbb{D}^3$ をい
くつか境界で連結和をとった多様体（境界連結和）の内部に微分同型であり，
$\pi_1(T_k) \to \pi_1(T_{k+1})$ がゼロ写像であることから，T_{k+1} の中に T_k を含む開球体が
存在する。したがって $\mathcal{CH}$ の内部は球体の増大和として表される。　　　　□

　ここまでの議論をまとめると，

◇ 定理 4.16（キャッソン [9]）　Q を単連結 4 次元 C^∞-級コンパクト多様体で
$\partial Q \neq \emptyset$ とする。自己交差が横断的なプロパーにはめ込まれた互いに交わりのない
ディスクの族 $D_1, D_2, \ldots, D_k$ について，$H_2(Q)$ の元 $x_i\ (1 \leq i \leq k)$ で，

$$x_i \cdot D_j = \delta_{ij} \quad \text{かつ} \quad x_i \cdot x_i \text{ は偶数}$$

であるものが存在するとする。このとき，互いに交わらないキャッソンハンドルの
組 $\mathcal{CH}_1, \mathcal{CH}_2, \ldots, \mathcal{CH}_k$ で，$D_i \subset \mathcal{CH}_i$ となるものが存在する。

　証明は，基本的に命題 4.10 を繰り返し使うことによる。条件の x_i の存在は，命
題 4.10 を帰納的に使うためのホモロジー消滅条件を保証する。$x_i \cdot x_i$ が偶数という

条件は，第二段階の擬 2-ハンドルの接着写像をうまくとって，同じ写像で抽象的に真の 2-ハンドルを付けると全体が真の 2-ハンドルにできることを保証する。また第二段階以降の擬 2-ハンドルはこれらの条件をみたすようにとれる。したがって命題 4.10 が適用でき，この操作は限りなく続けられ，キャッソンハンドルがえられる。

4.2 フリードマンの定理とその系

4.2.1 位相 h-同境定理

キャッソンハンドルは，内部は 4 次元開球体 $\mathbb{B}^4$ と微分同型であり，ホモトピー論だけでは通常の 4 次元開 2-ハンドル $(\mathbb{D}^2 \times \text{int}\,\mathbb{D}^2, \partial\mathbb{D}^2 \times \text{int}\,\mathbb{D}^2)$ と区別できない。しかし前項で記した通り，接着面の状況が複雑で，その様相の解析は簡単ではないことは明白である。にもかかわらず，フリードマンは 1981 年に

◇ **定理 4.17（フリードマン [15]）**　任意のキャッソンハンドル $\mathcal{CH}$ は，4 次元開 2-ハンドルに位相同型である。

を証明した。この定理の証明のキーとなったアイデアはビングトポロジーであり，次節でそのごく入り口を記す。本節では定理 4.17 が導くいくつかの帰結と関連する結果を解説する。

キャッソンハンドルはそもそも 4 次元多様体の中の二つのサイクル A, B の無駄な交点 p, q を相殺するために導入された概念である。これが位相的には普通のハンドルであるとすると，ホイットニートリックが位相的に可能であることになる。したがって前章で展開した h-同境定理の証明がそのまま実行でき，

◇ **系 4.18（5 次元位相 h-同境定理 [15]）**　W を N, M を結ぶ単連結 5 次元 C^∞-級 h-同境とする。このとき W は $N \times [0,1]$ に位相同型である。とくに，N と M は位相同型である。

ここでウォール（T. Wall）による 1960 年代半ばの結果を引用する。

◇ **定理 4.19（ウォール [64]）**　N と M は単連結 4 次元 C^∞-級閉多様体で，互いにホモトピー同値であるとする。このとき，N と M を結ぶ C^∞-級 h-同境 W が存在する。

ウォールの定理とフリードマンの位相 h-同境定理により，4 次元で単連結 C^∞-級閉多様体の場合はホモトピー同値であれば位相同型という帰結がえられる。一方，

定理 4.7 により単連結 4 次元 C^∞-級閉多様体のホモトピー同値類は交差形式の同型類で決まる。したがって

◇ **系 4.20（単連結 4 次元 C^∞-級閉多様体の位相分類定理 [15]）** 単連結 4 次元 C^∞-級閉多様体の位相同型類は，H_2 上の交差形式の同型類で分類される。

とくに，$H_2 = 0$ の場合を考えると，C^∞-級多様体に対する位相ポアンカレ予想の解決がえられる。

◇ **系 4.21（4 次元位相ポアンカレ予想の解決 [15]）** 単連結 C^∞-級ホモロジー 4-球面は $\mathbb{S}^4$ に位相同型である。

系 4.21 をさらに押し進めて

- 系 4.21 の仮定を，C^∞-級構造を許容しない単連結 4 次元多様体に弱められないか？
- 系 4.21 の結論を微分同型に強められないか？

と考えるのはごく自然だが，解答は前者については Yes，後者は No である。以下，それぞれについて解説する。

前者については，フリードマンが原典 [15] の最後の章で議論を展開している。まず，位相多様体を対象にするとはいえ，キャッソンハンドルの構成に用いられた C^∞-級構造をもつ領域での解析は不可欠なので，考える多様体 N は 1 点を除くと C^∞-構造が入るとする。このような多様体は**ほとんど C^∞-級**とよばれる。コンパクト多様体の場合，有限個の点を除けば C^∞-級構造が入るとき，ほとんど C^∞-級であることは直ちに分かる。N から C^∞ 性が崩れる有限個の点集合 R を除くと，$N \setminus R$ は非コンパクトな C^∞-級多様体である。

一つ用語を定義する。位相空間 X の**エンド**とは，X のコンパクト部分集合の補集合の連結成分と包含写像からなる射影系の射影極限のことである。各包含写像が基本群の間のゼロ写像を導くように射影系がとれるとき，**エンドは単連結**であるという。この用語を使うと，$N \setminus R$ のエンドは単連結であることは自明である。

こうしたエンドの状況がトポロジカルに素直な場合を対象に，h-同境定理を拡張することができる。そのためさらに一つ用語を定義する。$(W; N, M)$ が**プロパー h-同境**であるとは，包含写像 $N \subset W, M \subset W$ 双方がプロパーホモトピー同値のときとする。ここで，一般に連続写像が**プロパー**であるとは，コンパクト集合の逆像がコンパクトであることを意味する。

◇ **定理 4.22**（フリードマン [15]） W が N と M を結ぶ単連結 C^∞-級プロパー h-同境で，W のエンドの連結成分は有限個でさらに単連結であるとする。このとき W は $W \times [0,1]$ と位相同型であり，とくに N と M は位相同型である。

この定理の証明は非コンパクトな場合を扱うため技術的な工夫を要し，詳細はここで述べることはできない。フリードマンの原典 [15] か [63] を参照されたい。

この定理の最大の系は，ほとんど C^∞-級多様体の位相的分類である。

◇ **定理 4.23**（フリードマン [15]） 単連結 4 次元ほとんど C^∞-級閉多様体に関して，以下の存在および一意性が成り立つ。

1.（存在） 任意の非退化対称双 1 次形式 $\omega = \langle \cdot , \cdot \rangle$ に対し，ω を交差形式とする単連結 4 次元ほとんど C^∞-級閉多様体 N_ω が存在する。

2.（タイプ II の場合の一意性） ω がタイプ II のとき，ω と ω' が等長的であれば N_ω と $N_{\omega'}$ は位相同型である。

3.（タイプ I の場合の可能性） ω がタイプ I のとき，N_ω の位相同型類は 2 種類で，カービー・シーベマン障害類が自明であるか否かで区別される。

カービー・シーベマン障害類は $H^4(N ; \mathbb{Z}_2) \cong \mathbb{Z}_2$ に定義され，それが非自明であることと PL 構造をもたないことが同値になる。詳しくは [32] を参照されたい。

4 次元ポアンカレ予想に戻り，N を $\mathbb{S}^4$ とホモトピー同値な 4 次元位相閉多様体とする。実は可縮な 4 次元開多様体は常に C^∞-級構造をもつことが知られている（たとえば [31] 参照）。したがってホモトピー位相 4-球面は 1 点を除けば C^∞-級構造が入るので，ほとんど C^∞-級である。この事実を分類定理に適用すれば，位相圏ではポアンカレ予想は完全に解決されたことになる。

◇ **系 4.24**（フリードマン [15]） 任意のホモトピー 4-球面は $\mathbb{S}^4$ に位相同型である。

とくに，任意のホモトピー 4-球面は C^∞-級構造をもつ。一方，$\mathbb{S}^4$ 上にはエキゾティックな微分構造はないことを主張するつぎの予想がある。

★ **予想 4.25**（C^∞-級 4 次元ポアンカレ予想） 4 次元 C^∞-級ホモトピー球面は $\mathbb{S}^4$ に微分同型である。

これは，おそらく否定的に考えている研究者が多いと思われるが，現時点では有力な手段を模索中という感がある。

つぎに，系 4.18 の結論を微分同型に強められないかという問いに対する解答を解説する。

スメイルの h-同境定理が 5 次元以下でも成立するかは，証明されて以来の課題であったが，フリードマンの結果は，帰結を微分同型から位相同型に弱めれば成立することを主張する。一方，ドルガチェフ（I. Dolgachev）は代数幾何的に，単連結で $\mathbb{CP}^2 \# 9\overline{\mathbb{CP}}^2$ にホモトピー同値だが，有理曲面ではない代数曲面を構成した。ドナルドソンはゲージ理論を通して定義される不変量を用い，

◇ **定理 4.26（ドナルドソン [11]）** ドルガチェフ曲面は $\mathbb{CP}^2 \# 9\overline{\mathbb{CP}}^2$ に位相同型だが微分同型ではない。

を示した。ウォールの結果を合わせると，5 次元 h-同境定理の帰結が微分同型には改善できないことが分かる。

フリードマンの定理とドナルドソンの定理を比較すると，4 次元では位相圏と C^∞-圏には大きな違いがあることが分かる。その研究はドナルドソンによる解析（数理物理）的手法とフリードマンによる位相的手法の相互作用の賜物である。一方，ドナルドソンの手法は，コンパクト多様体を対象にする限り H_2 が消えている場合にはあまり材料を提供していないのが現実で，物質がないと議論が始まらない物理と状況が似ている。

4.2.2 ビングトポロジー

キャッソンハンドルが開 2-ハンドルであることはいかにも不思議である。このマジックを実現するのがビングトポロジーで，本項ではその入口のみを記す。興味ある読者はフリードマンの原典および以下に記す参考文献に接することを薦める。

もっとも簡単なキャッソンハンドルとして，自己交差が交点数 +1 のただ 1 点のみからなる擬ハンドルが各段階で添加される場合を考える。ホワイトヘッド絡み目 $L = K_0 \cup K_1 \subset \mathbb{S}^3$ は，図 4.20 に描かれた絡み数が 0 だが解けない絡み目である。

ホワイトヘッド絡み目を用いてキャッソンハンドルの第一段階 $T_1 = h_1 \approx \mathbb{S}^1 \times \mathbb{D}^3$ の境界を可視化する。T_1 の境界 $\partial T_1 \approx \mathbb{S}^1 \times \mathbb{S}^2$ には擬ハンドル h_1 の接着面 $A_0 \approx \mathbb{S}^1 \times \mathbb{D}^2$ と擬ハンドル h_2 の接着面 $A_1 \approx \mathbb{S}^1 \times \mathbb{D}^2$ が置かれている。∂h_1 から接着面 A_0, A_1 の内部を除いた空間は，ホワイトヘッド絡み目 $L \subset \mathbb{S}^3$ の外部（L の管状近傍の補空間）に同一視できる。さらに接着面 $\mathbb{S}^1 \times \mathbb{S}^2$ を加える操作は，K_0 に沿ってロンディテュードをキルする 0-手術，K_1 に沿ってメリディアンをキルする ∞-手術である。帰納的構成のため，$\mathbb{S}^3$ における K_0 の閉管状近傍を A_0 と同一

図 **4.20**　ホワイトヘッド絡み目

視し，K_1 の閉管状近傍を Wh_1 で表す．構成要素は $B_1 = \mathbb{S}^3 \setminus (\operatorname{int} A_0 \cup \operatorname{int} \mathrm{Wh}_1)$ である．B_1 を $\mathbb{S}^3 \setminus \operatorname{int} A_0 \approx \mathbb{S}^1 \times \mathbb{D}^2$ における Wh_1 の外部とみなして描いたものが図 4.21 である．

図 **4.21**　B_1

　$h_2 = \overline{T_2 \setminus T_1}$ も形状は $h_1 = T_1$ と同じで h_2 の接着面 A_1 と h_3 の接着面 A_2 は境界にある．$h_2 \setminus \operatorname{int} A_2$ は $\mathbb{S}^3$ 内の K_1 の管状近傍に埋め込めて，$\mathbb{S}^3$ の中ではホワイトヘッド絡み目の一成分 K_1 の管状近傍にホワイドヘッド絡み目の外部を埋め込んだとみなすことができる．Wh_1 の埋め込みの像を Wh_2 で表す．Wh_2 はホワイトヘッドダブルの閉管状近傍である（図 4.22 参照）．すなわち，$T_2 = h_1 \cup h_2$ の境界は，$\mathbb{S}^3 \setminus \operatorname{int} \mathrm{Wh}_2$ の境界を ∞-手術してえられる空間である．

　この操作を続けると，$\mathbb{S}^3$ 内の閉集合の減少列

$$\mathrm{Wh}_1 \supset \mathrm{Wh}_2 \supset \mathrm{Wh}_3 \supset \cdots$$

がえられる．Wh_{k+1} は Wh_k で可縮である．Wh_k の厚みが 0 に縮むように調節したとき，共通部分

$$\mathrm{Wh} = \bigcap_k \mathrm{Wh}_k$$

図 4.22 ホワイトヘッドダブル

をホワイトヘッド連続体とよぶ．ちなみに自己交差が常に1点とは限らない一般の
キャッソンハンドルでは，カントール集合でパラメータ付けされたホワイトヘッド
連続体が現れるが，一番簡単な場合の $\mathcal{CH}$ の解析が本質的である．

◇ **補題 4.27** $\mathcal{CH}_*$ を各段階で自己交差が $+1$ の擬ハンドルが加わる最も単純な
キャッソンハンドルとする．このとき $(\mathcal{CH}_*, \partial\mathcal{CH}_*) \approx (\mathbb{D}^2 \times \mathbb{D}^2 \setminus (\mathbb{D}^2 \times \partial\mathbb{D}^2 \cup C(\mathrm{Wh})), \partial\mathbb{D}^2 \times \mathrm{int}\,\mathbb{D}^2)$. ここで，$C(\mathrm{Wh})$ は，$\partial\mathbb{D}^2 \times \mathbb{D}^2$ に住む Wh を $\mathbb{D}^2 \times \mathbb{D}^2$
の中で錐をとったものである．

証明 たとえば [63] の命題 (2.8) を参照されたい． □

この事実を，キャッソンハンドルは開ハンドルの稠密集合とみなすのがアイデア
である．このようなワイルドな空間が，実は素直であることが多々あるというのが
ビング（R. Bing）の理論である．

局所コンパクト距離空間 X に対して，X の互いに交わらない閉部分集合の集ま
り D を X の**分解**（decomposition）という．D に属する各閉部分集合をそれぞ
れ1点に潰してえられる空間を X/D で表し，**分解空間**（decomposition space）
とよぶ．X/D も距離空間であると仮定する．また商写像 $q : X \to X/D$ を**分解写
像**，D の要素が2点以上からなるものを D の**非退化要素**という．

◆ **定義 4.28** 分解写像 $q : X \to X/D$ が**位相同型で近似可能**であるとは，任意の
連続写像 $\varepsilon : X \to (0, \infty)$ に対してある位相同型 $h : X \to X/D$ が存在して，任意
の $x \in X$ に対し $h(x)$ と $q(x)$ の距離が $\varepsilon(x)$ 以下となることである．

◆ **定義 4.29** X の分解 D が**収縮可能**とは，任意の連続写像 $\varepsilon : X \to (0, \infty)$ に
対し，位相同型 $k : X \to X$ があって任意の D の元 Z に対して $k(Z)$ の半径が
$\min\{\varepsilon(x)\,; x \in Z\}$ より小さくなり，任意の $x \in X$ に対して $q(x)$ と $q(k(x))$ の距
離が $\varepsilon(x)$ 以下になることとする．

つぎはビング理論の基本定理である。

◇ **定理 4.30（ビング [4, 5]）**　分解写像 $X \to X/D$ が収縮可能なら，位相同型で近似可能である。

つぎのアンドリュース（J. Andrews）とルーディン（C. Rudin）による野生的な結果はフリードマンの研究を動機付けたもので，ビングの判定条件を確認することにより証明される。

◇ **定理 4.31（アンドリュース・ルーディン [2]）**　$\mathbb{S}^1 \times \mathbb{D}^2$ 内のホワイトヘッド連続体 Wh と商写像 $q : \mathbb{S}^1 \times \mathbb{D}^2 \to \mathbb{S}^1 \times \mathbb{D}^2/\mathrm{Wh}$ に対し，全体に $\mathbb{R}$ を掛けた $q \times \mathrm{id} : (\mathbb{S}^1 \times \mathbb{D}^2) \times \mathbb{R} \to (\mathbb{S}^1 \times \mathbb{D}^2/\mathrm{Wh}) \times \mathbb{R}$ は位相同型で近似できる。

キャッソンハンドルの最も単純な場合は補題 4.27 で記したが，一般には $\mathcal{CH}$ の適当なコンパクト化 $\overline{C}$ をとり，$\mathrm{Fr}\,\mathcal{CH} = \overline{\mathcal{CH}} \setminus \mathcal{CH}$ とおくと，$\mathrm{Fr}\,\mathcal{CH}$ は Wh のカントール集合を非退化要素とする $\mathbb{S}^1 \times \mathbb{D}^2$ の分解の分解空間になっていることが分かる。

フリードマンがまず構成したのは，キャッソンハンドルの第 6 段階 T_6 というコンパクトな部分に接着面が同じキャッソンハンドル $\mathcal{CH}$ が埋め込めるという埋め込み定理である。これを使い，開 2-ハンドル $h = \mathbb{D}^2 \times \mathbb{B}^2$ からキャッソンハンドル CH 内の $\{\mathrm{gaps}^+\}$ と名付けた可縮な閉集合の可算個の集まりを法としてパラメータ付け，$\mathcal{CH}$ を適当に割れば位相同型

$$\alpha : h \to \mathcal{CH}/\{\mathrm{gaps}^+\}$$

があるということに 1978 年の時点でたどり着いた。原典 [15] には $\{\mathrm{gaps}^+\}$ は 1978 年時点では完全に未知の領域であったと記されている。その後，エドワーズ（R. Edwards）がビング理論を用いて，α が位相同型で近似できることを助言した。一方，$\{\mathrm{gaps}^+\}$ の形状にはよらず，$\mathcal{CH}$ および h の内部は $\mathbb{R}^4$ に位相同型であることを用い，抽象的な近似議論を使って

$$\beta : \mathcal{CH} \to \mathcal{CH}/\{\mathrm{gaps}^+\}$$

が位相同型で近似可能であることを示した。この二つの位相同型から，定理 4.17 の結論がえられる。

5

3次元

　ポアンカレ予想の元祖である3次元の場合の解決が辿った道は，4次元以上の場合とはまったく異なった。3次元では，手術による議論は単連結性を有効に利用する手段とはならなかった。一方，1980年にサーストンによりポアンカレ予想を含む3次元多様体のトポロジーを分類しようという幾何化予想が提唱され，新しい手法が導入された。その中で，ハミルトンが創始したリッチフローというリーマン計量の変分原理が，最終的に2002年と2003年のペレルマンによる幾何化予想の解決，とくにポアンカレ予想の解決を導いた。本章は幾何化予想の定式化を主な目的とし，ペレルマンによる解決については圧縮した概要を記す。

　本章では「幾何」という用語はリーマン幾何を意味するものとする。すなわち，多様体には常にリーマン計量が付随しているとする。また，リーマン計量は C^∞-級であると仮定する。

5.1　4次元以上 vs 3次元

　この節では，4次元以上での議論が3次元でいかに破綻するかを振り返る。

　一般化されたポアンカレ予想（予想 1.9）は，単連結ホモロジー球面のトポロジーを問う問題として設定される。5次元以上では C^∞-級 h-同境定理の系として解答がえられたが，6次元以上で成立する C^∞-級 h-同境定理は5次元以上の単連結 C^∞-級多様体に対しては h-同境が微分同型と等価であることを示しており，高次元ポアンカレ予想の解決を遥かに超えたホモロジー球面とは限らない単連結多様体の微分同型類の分類に迫る主張である。また，4次元では5次元位相 h-同境定理およびプロパー h-同境定理の系として解答がえられたが，これらの定理もホモロジー球面とは限らない単連結ほとんど C^∞-級多様体の位相同型類の分類を完成しており，4次元位相ポアンカレ予想の解決を遥かに超えている。

　4次元以上ではホモロジー球面ではない単連結多様体はたくさんあり，h-同境定理はその分類に迫る。しかし，3次元では単連結多様体は一つしかないというのがそもそものポアンカレ予想（予想1.5）で，だいぶ状況が違う。

　フリードマンの $\mathbb{S}^3 \times \mathbb{R}$ にプロパーホモトピー同値な多様体に関する結果 [14] と，[15] の主定理の一つの系として，任意のホモロジー 3-球面は $\mathbb{S}^4$ に位相カラー近傍をもつように埋め込めることが分かる。これより

◇ **定理 5.1**（フリードマン **[15]**）　任意のホモロジー 3-球面は，可縮な 4 次元位相多様体を囲う。

という思いがけない結果がしたがう。さらに

◇ **系 5.2**　任意のホモトピー 3-球面は $\mathbb{S}^3$ に位相 h-同境である。

証明　ホモトピー 3-球面 N は，可縮な 4 次元位相多様体 W を囲む。W の内点の境界がカラー近傍をもつ球体近傍を除けば，N と $\mathbb{S}^3$ を結ぶ h-同境がえられる。　□

　したがって，位相 h-同境定理が 4 次元で成り立てばポアンカレ予想は解決される。しかし，5 次元以上で使われた C^∞-級構造の存在を仮定したホイットニートリックは，中間レベルの 3 次元多様体上での 1 次元多様体と 2 次元多様体の交点を扱うことになり，1 次元部分多様体が結び目をなすという基本的な障害がある（図5.1）。

図 5.1　結び目に起因する困難

　視点を転じて，3 次元単連結多様体のハンドル分解を直接考えると，例 3.29 で記したヘガード分解の解析に帰着される。すでに記した種数 2 の場合の本間・落合・高橋の結果 [23] がベストで，種数が増えると課題が指数関数的に増えるという状況があり，この方向でのその後の進展はほとんど聞かれない。

5.2 幾何化予想

5.2.1 リーマン面の一意化

ポアンカレ予想とは背景を異にする幾何化予想を解説するため,リーマン面の一意化について振り返る。トポロジーは,多様体の形について大雑把な分類基準しかもっていないが,たとえばメビウスによる曲面の分類定理は,種数あるいはオイラー標数で閉曲面のトポロジーが分類できることを明快に主張する。しかし,もう少し図形の理想的な形を追求する幾何的な視点に立つと,多様体が本来もつ望ましい形(リーマン計量)があるのではないか,という自然な問いがある。たとえば球面ならば丸い形,トーラスなら平坦な形等である。この問いは,メビウスの試みとは独立に1880年代にクラインとポアンカレによって提起され,20世紀初頭にポアンカレとケーベ (P. Koebe) により以下のように定式化された。

◇ **定理 5.3(ポアンカレ・ケーベの一意化定理)** 単連結リーマン面は,リーマン球 $\hat{\mathbb{C}}$,複素数平面 $\mathbb{C}$,上半平面 $\mathbb{H}$ のいずれかに双正則同値である。

この定理の主張を掘り下げる。リーマン面は1次元複素多様体であり,複素構造はあるがリーマン計量は指定されていない。しかし普遍被覆をとると単連結になるので,ポアンカレ・ケーベの定理によりたった3種類のリーマン面 X のいずれかに双正則同値である。これらの双正則自己同型群 $\Omega(X)$ はよく知られている。リーマン球 $\hat{\mathbb{C}}$ の場合,a, b, c, d を $ad - bc \neq 0$ をみたす複素数とすると,その双正則自己同型は一次分数変換

$$z \to \frac{az + b}{cz + d}$$

で表される。したがって群としてはサイズが 2×2 の複素射影特殊線形群

$$\mathrm{PSL}(2, \mathbb{C}) = \mathrm{SL}(2, \mathbb{C})/\{\pm I\}$$

と同型になる。リーマン球から ∞ を除くと,単連結リーマン面 $\mathbb{C}$ が現れる。その双正則自己同型は一次分数変換で ∞ を固定するものであり,複素アフィン変換

$$z \to az + b$$

である。したがって,群としては $\mathbb{C}$ の乗法群 $\mathbb{C}^\times$ と $\mathbb{C}$ の半直積 $\mathbb{C}^\times \ltimes \mathbb{C}$ と同型になる。最後に領域を上半平面 $\mathbb{H} = \{z \in \mathbb{C} ; \Im z > 0\}$ に制限すると,その双正則自己同型は実数を係数とする一次分数変換で,群としては $\mathrm{PSL}(2, \mathbb{R})$ と同型になる。

 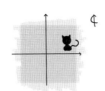 

図 5.2 一意化の三つのモデル

PSL$(2, \mathbb{C})$ のコンパクト部分群 PSU$(2) \cong$ SO(3) は，リーマン球上に作用が不変となる球面計量を誘導する．また，複素アフィン変換群はスケールを法として $\mathbb{C}$ 上のユークリッド計量を，実一次分数変換群は $\mathbb{H}$ 上の双曲計量を誘導する．計量の具体的な表示は，次の項で一般次元に拡張して解説する．

さらに，一般のリーマン面 R に対してその普遍被覆をとると単連結リーマン面 X になり，被覆変換群は $\Omega(X)$ の離散部分群 Γ とみなせる．したがって，$R = X/\Gamma$ という表示を見ることにより，複素構造と等角同値な不変リーマン定曲率計量が一意的に定まり，そのタイプは普遍被覆の双正則類により，球面計量，ユークリッド計量，双曲計量となる．これが一意化の大筋である（図 5.2）．

5.2.2 等質幾何構造

リーマン面の一意化定理を一般次元化する方法はいろいろある．実次元を対象にすると，たとえば定曲率幾何がある．定曲率幾何は最も高い等質性をもつ．定曲率幾何以外のやや等質性が低くなる構造も扱うため，等質性を再定義する．

◆ **定義 5.4** リーマン多様体 X が**等質**であるとは，X の等長変換からなる等長群 Isom X が X に推移的に作用するときをいう．

等質性の定義には X のトポロジーについての仮定はないが，以降では X は単連結であることを前提として議論を進める．

◇ **命題 5.5** 等質リーマン多様体 X は完備である．

証明 $\{x_i\}_{i \geq 0}$ を X のコーシー列とする．$\varepsilon > 0$ を十分小さくとれば，x_0 の 2ε-近傍 $U_{2\varepsilon}(x_0)$ は開球体近傍になる．$\{x_i\}$ はコーシー列なので，$\varepsilon > 0$ に対して十分大きな N を選べば，任意の $n > N$ に対して $x_n \in U_\varepsilon(x_N)$ である．一方 Isom X の作用は推移的なので，$g \in$ Isom X で $g(x_0) = x_N$ であるものが存在す

る。$g(U_{2\varepsilon}(x_0)) = U_{2\varepsilon}(x_N) \supset \overline{U_\varepsilon(x_N)}$ であり，$\{x_i\}$ は収束する。 $\square$

X を n 次元等質リーマン多様体，$G = \mathrm{Isom}\, X$，点 $x \in X$ の**安定化群**を

$$G_x = \{g \in G\,;\, gx = x\}$$

で定義する。G_x は $\mathrm{Isom}\, T_x X \cong \mathrm{O}(n)$ の閉部分群で，$\mathrm{O}(n)$ のリー部分群である。X 上の各点での正規直交基底からなる正規直交枠束 $\mathcal{F}X$ に対し，ファイバーを各点 x で G_x に制限してえられる部分束を $\mathcal{G}X$ で表す。$\mathcal{G}X$ は X 上の各 $x \in N$ で G_x をファイバーとするファイバー束である。ここで，完備リーマン多様体の自己等長写像は，1 点 x の行き先と $T_x X$ の枠の行き先で決まるという事実と X の等質性から，基点 $x_0 \in X$ と x_0 上の G_{x_0} に含まれる正規直交枠 $\mathfrak{f}_0$ を固定したとき，$g \in G$ に $(g(x_0), dg_{x_0}(\mathfrak{f}_0))$ を対応させることにより，全単射

$$G \to \mathcal{G}X$$

がえられる。像には C^∞-級位相があり，したがって G に C^∞-級位相が引き戻される。

◇ **補題 5.6** G 上の写像の合成を積とする群演算は C^∞-級である。とくに，G の C^∞-級位相は G に有限次元のリー群の構造をあたえる。

証明 $g, h \in G$ の積は

$$h \cdot g \to ((h \circ g)(x_0), d_{x_0}(h \circ g)(\mathfrak{f}_0)) = (h(g(x_0)), d_{g(x_0)}h(d_{x_0}g(\mathfrak{f}_0)))$$

が対応する。C^∞-級写像の合成，さらに微分の合成は C^∞-級であるので，積は C^∞-級の演算である。 $\square$

各点 $x \in X$ の安定化群は，$x \in X$ を固定する等長変換からなるので，G のコンパクト部分群になる。異なる点 $y \in X$ の安定化群 G_y は G_x と共役であることが容易に確かめられる。$x \in X$ を固定して，$\gamma \in G$ に $\gamma x \in X$ を対応させる写像を

$$\pi : G \to X$$

とすると，

◇ **補題 5.7** π は C^∞-級で，G/G_x を経由し，G/G_x と X の間の微分同型を誘導する。

証明　π が C^∞-級であることは，π が $\mathcal{G}X$ を経由することからしたがう。

任意の $y \in X$ に対し $\alpha, \beta \in G$ で $\alpha x = y = \beta x$ をみたす元を選ぶ。このとき $\beta^{-1}\alpha \in G_x$ であり，α と β は G_x の同じ左剰余類に属する。したがって，π は G/G_x を経由する。

π が誘導する写像

$$\pi_* : G/G_x \to X$$

が全単射であること，および微分同型であることは読者の演習に残す。　　　　□

話の出発点を変えて，リー群 G が単連結 C^∞-級多様体 X に C^∞-級かつ推移的に作用するという設定から始めると，$x \in X$ の安定化群 G_x がコンパクトであれば，G の左作用に関して不変な測度（ハール測度とよばれている）があり，$X = G/G_x$ に G の作用が保つリーマン計量をあたえる。とくにこの計量に関して G は Isom X のリー部分群であり，X は等質になる。X に対し G は一意的には決まらないが，少なくとも X への作用が推移的な Isom X のリー部分群になる。一つ用語を定義する。

◆ **定義 5.8**　X を等質リーマン多様体，G を X に推移的に作用する Isom X のリー部分群とする。このとき X と G の対 (X, G) を**等質幾何**とよぶ。

等質幾何 (X, G) の等質性の程度は，安定化群 G_x の大きさで計ることができる。X が n 次元であるとすると，Isom X の X への作用の安定化群は $\mathrm{O}(n)$ のリー部分群であり，その次元は $\dim \mathrm{O}(n) = n(n-1)/2$ 以下である。最大次元を実現する三つの例を挙げる。

◆ **例 5.9（ユークリッド幾何）**　ベクトル空間 $\mathbb{R}^n$ に

$$dx_1^2 + dx_2^2 + \cdots + dx_n^2$$

で定義される**ユークリッド計量**をあたえ，リーマン多様体とみなし，以降 $\mathbb{E}^n$ で表す。このとき等長変換 $g \in \mathrm{Isom}\,\mathbb{E}^n$ は，任意の $\boldsymbol{x} \in \mathbb{E}^n$ に対して $A \in \mathrm{O}(n)$ および $\boldsymbol{a} \in \mathbb{R}^n$ を用いて

$$g\boldsymbol{x} = A\boldsymbol{x} + \boldsymbol{a}$$

で表すことができる。$A, B \in \mathrm{O}(n)$ および $\boldsymbol{a}, \boldsymbol{b} \in \mathbb{R}^n$ に対して $\mathrm{O}(n)$ と $\mathbb{R}^n$ の半直積 $\mathrm{O}(n) \ltimes \mathbb{R}^n$ の積構造を，

$$(A, \boldsymbol{a}) \cdot (B, \boldsymbol{b}) = (AB, A\boldsymbol{b} + \boldsymbol{a})$$

で定義すると，$\mathrm{Isom}\,\mathbb{E}^3 \cong \mathrm{O}(n) \ltimes \mathbb{R}^n$ である。$(\mathbb{E}^n, \mathrm{O}(n) \ltimes \mathbb{R}^n)$ は等質幾何の一例であり，**ユークリッド幾何**という（図 5.3 参照）。$\mathbf{0} = (0, 0, \ldots, 0) \in \mathbb{E}^n$ の安定化群は

$$\mathrm{O}(n) \cong \mathrm{O}(n) \ltimes \{0\} < \mathrm{O}(n) \ltimes \mathbb{R}^n$$

である。

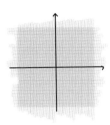

図 **5.3** ユークリッド幾何

◆ **例 5.10（球面幾何）** n 次元単位球面 $\mathbb{S}^n \subset \mathbb{E}^{n+1}$ に $\mathbb{E}^{n+1}$ のユークリッド計量から誘導されるリーマン計量をあたえ，以降リーマン多様体とみなす。$\mathrm{O}(n+1)$ は自然に $\mathbb{S}^n$ 推移的に作用し，$(\mathbb{S}^n, \mathrm{O}(n+1))$ は等質幾何の一例であり，**球面幾何**という（図 5.4 参照）。$(1, 0, \ldots, 0) \in \mathbb{S}^n$ の安定化群は

$$\begin{bmatrix} 1 & \mathbf{0} \\ {}^t\mathbf{0} & \mathrm{O}(n) \end{bmatrix} \cong \mathrm{O}(n)$$

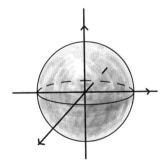

図 **5.4** 球面幾何

である。

◆ **例 5.11（双曲幾何）**　$\mathbb{R}^{n+1}$ に符号数が $(n,1)$ の**ローレンツ形式**とよぶ 2 次形式

$$-x_0^2 + x_1^2 + \cdots + x_n^2$$

をあたえ，ミンコフスキー空間とよび $\mathbb{R}^{n,1}$ で表す。$\mathrm{O}(n,1)$ をローレンツ形式を保つ線形変換からなるリー群，$\mathrm{O}^+(n,1)$ を x_0 の符号を保つ $\mathrm{O}(n,1)$ の指数 2 のリー部分群とする。$\mathbb{R}^{n,1}$ にはローレンツ形式を各点の接空間に付随させた**ローレンツ計量**

$$-dx_0^2 + dx_1^2 + \cdots + dx_n^2$$

がある。$\mathrm{O}^+(n,1)$ は自然に二葉双曲面の $x_0 > 0$ をみたす成分

$$\mathbb{H}^n = \{\boldsymbol{x} = (x_0, x_1, \ldots, x_n) \in \mathbb{R}^{n+1} ; \ -x_0^2 + x_1^2 + \cdots + x_n^2 = -1, \ x_0 > 0\}$$

を不変にし，$(1, 0, \ldots, 0) \in \mathbb{H}^n$ の安定化群は

$$\begin{bmatrix} 1 & \mathbf{0} \\ {}^t\mathbf{0} & \mathrm{O}(n) \end{bmatrix} \cong \mathrm{O}(n)$$

であり，$\mathrm{O}^+(n,1)/\mathrm{O}(n) \approx \mathbb{H}^n$ である。ローレンツ計量は正定値ではないが，$\mathbb{H}^n$ の各点の接空間に制限することによりリーマン計量である**双曲計量**がえられる。以降，$\mathbb{H}^n$ には双曲計量が付随しているとする。$\mathrm{O}^+(n,1)$ は自然に $\mathbb{H}^n$ に推移的等長変換作用を定める。$(\mathbb{H}^n, \mathrm{O}^+(n,1))$ は等質幾何の一例であり，**双曲幾何**とよぶ（図 5.5 参照）。

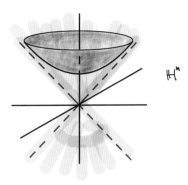

図 5.5　双曲幾何

✔ **注意 5.12** リーマン多様体の曲率は厳密には後で定義する。ここではその特別な場合である n 次元の等質幾何 (X, G) が**定曲率**という性質を，X の 1 点 $x \in X$ の安定化群の次元が最大の $n(n-1)/2$ であるときと定義しておく。定曲率幾何は，計量の定数倍を除いて球面幾何，ユークリッド幾何，双曲幾何の三つで尽くされる。

多様体が必ずしも単連結でないとき，等質性は局所的に定義される。

◆ **定義 5.13** 完備リーマン多様体 N が**局所等質**であるとは，任意の 2 点 $x, y \in N$ に対して，それぞれの近傍 U_x, U_y と，その間の等長写像 $\varphi : U_x \to U_y$ が存在するときをいう。

✔ **注意 5.14** 局所等質性の定義を完備なリーマン多様体に限定するのは自然な要請である。完備性を外すと，たとえば任意のユークリッド空間の開集合 $Y \subset \mathbb{E}^n$ は，ユークリッド計量の制限に関して任意の 2 点 $x, y \in Y$ に対し，それぞれの近傍 U_x, U_y とその間の等長写像 $\varphi : U_x \to U_y$ が存在する。しかし，これを局所等質とよぶのはあまりに自由すぎる。

◇ **命題 5.15** 局所等質リーマン多様体 N の普遍被覆 X は等質である。

証明 N は完備なので X は完備である。したがってこの命題は，単連結等質リーマン多様体の間の局所等長写像は大域的な等長写像に拡張するという事実に帰着される。 □

◆ **定義 5.16** (X, G) を n 次元等質幾何とする。n 次元多様体 N 上の等質幾何 (X, G) をモデルとする**幾何構造**，あるいはより単純に (X, G)-**構造**とは，局所座標 $\varphi : U \to X$ の値域が等質リーマン多様体 X で，他の局所座標 $\psi : V \to X$ との推移写像

$$\psi \circ \varphi^{-1}|_{\varphi(U \cap V)} : \varphi(U \cap V) \to \psi(U \cap V)$$

が適当な G の元の $\varphi(U \cap V)$ への制限に一致しているときとする（図 5.6）。

✔ **注意 5.17** G の X への作用の固定部分群がコンパクトと仮定しているので，より一般的な (X, G)-構造論の枠組みでは剛体幾何とよばれることがあるが，本書では (X, G) は剛体幾何に限定しており，剛体という形容はとくに付さない。

N が (X, G)-構造をもつとする。N の局所座標を一つ指定し，その解析接続が定義する N の普遍被覆 $\widetilde{N}$ からの写像

$$D : \widetilde{N} \to X$$

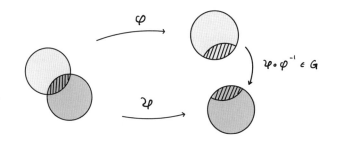

図 **5.6**　(X, G)-構造

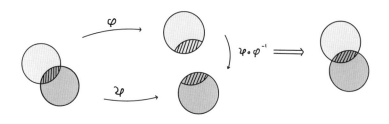

図 **5.7**　展開写像

を**展開写像**という（図 5.7）。

　展開写像 D は G の元の左からの作用を除いて一意的に定まる。さらに D を指定すると，基本群 $\pi_1(N)$ の元 γ の $\widetilde{N}$ への左からの作用を同じ記号 γ で表せば，

$$\rho(\gamma) \circ D = D \circ \gamma$$

をみたす写像

$$\rho : \pi_1(N) \to G$$

が定まる。ρ は準同型であることが容易に確かめられ，**ホロノミー**とよばれる（図 5.8）。展開写像 D を $\sigma \in G$ を用いて $\sigma \circ D$ に取り換えると，ρ は $\sigma^{-1} \circ \rho \circ \sigma$ に置き換わる。したがって，ホロノミーは G の元による共役を除いて一意的に定まる。

　展開写像とホロノミーは一般の (X, G)-構造に対して定義される基本的な概念だが，本書では以下の自然な制限を加える。N に (X, G)-構造があたえられたとする。このとき $G \subset \mathrm{Isom}\, X$ なので，(X, G)-構造は N 上のリーマン計量を定める。

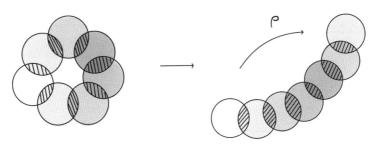

図 5.8 ホロノミー

◇ **補題 5.18** N が完備であることと，D が全射であることは同値である。

証明   たとえば [61] 3.4 節を参照されたい。   □

このいずれかの同値な条件をみたすとき，(X, G)-構造は**完備**であるという。以降で扱う (X, G)-構造は，常にこの完備性をみたしているとする。

N 上の完備 (X, G)-構造の展開写像 D とホロノミー ρ は，任意の $\gamma \in \pi_1(N)$ に対して

$$\begin{array}{ccc} \widetilde{N} & \xrightarrow{\;D\;} & X \\ {\scriptstyle\gamma}\big\downarrow & & \big\downarrow{\scriptstyle\rho(\gamma)} \\ \widetilde{N} & \xrightarrow{\;D\;} & X \end{array}$$

が可換になる。とくに $\pi_1(N)$ の $\widetilde{N}$ への作用と Γ の X への作用は同変である。ここで，$\Gamma = \rho(\pi_1(N))$ は基本群 $\pi_1(N)$ のホロノミーの像である。したがって Γ は G の離散部分群となり，さらに Γ の作用は自由で，展開写像は等長写像

$$N = \widetilde{N}/\pi_1(N) \to X/\Gamma$$

を誘導する。Γ の X への作用は左からであるが，本書では X の左剰余類 G/G_x としての表示は用いないので，多くの文献の記述にしたがい商集合の標準的表示を用いる。

逆に G の離散部分群 Γ' が X に自由に作用するとすると，X/Γ' は完備 (X, G)-構造をもつ多様体になる。さらに Γ, Γ' が $\sigma \in G$ により共役であったとすると，σ の X への作用は X/Γ と X/Γ' の間の等長写像を誘導する。したがって，リー群 G で支配される (X, G)-多様体を求めることと，X への作用が自由であるような G の離散部分群（の共役類）を求めることは等価な課題になる。

5.2.3 　2 次元軌道体とザイフェルト多様体

　本項と次項の内容は本シリーズの [46] 第 6〜9 章の内容と多分に重複がある。違いは，[46] の取り扱いはトポロジカルであるのに対し，本書は幾何的であるという程度である。

　まず，軌道体の一般論に触れる。G の離散部分群 Γ の多様体 X への作用は，自由という条件を外してもその商 X/Γ は (X, G) をモデルとする (X, G)-軌道体としての構造が入る。(X, G)-軌道体の定義と例をあたえる（図 5.9 参照）。

◆ **定義 5.19**　(X, G) を等質幾何，Γ を G の離散部分群とする。X/Γ を (X, G)-**軌道体**，Γ の作用がさらに自由のとき (X, G)-**多様体**という。

　軌道体としての普遍被覆は等質なので，概ね局所等質とよべる空間であり，あまり「作用が自由」という条件にこだわる必要はない。

　(X, G)-軌道体 $O = X/\Gamma$ は，軌道空間としての構造を忘れると，単に商空間として位相空間の構造がある。これを Z_O で表す。(X, G)-軌道体 $O = X/\Gamma$ の各点 $x \in Z_O$ には（Γ の離散性から）有限群 Γ_x が付随し，近傍 U_x と X の開集合 V_x で $U_x \cong V_x/\Gamma_x$ となるものが存在する。この状況下で，$y \in Z_O$ に対し $U_x \subset U_y$ のとき，単射 $\iota : \Gamma_x \to \Gamma_y$ と埋め込み $\varphi : V_x \to V_y$ があり，さらにつぎの図式

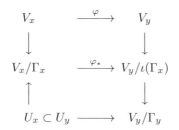

が可換である。

　2 次元の定曲率幾何をモデルとする (X, G)-軌道体を列挙するには，G の離散部分群を列挙すればよい。しかしこの次元では，[46] でもそうであるように，群論的な議論よりは軌道体の局所的な構造を利用したトポロジカルな議論を行うほうが分かりやすい。

　2 次元定曲率軌道体 $O = X/\Gamma$ は，$x \in O$ に付随する有限群 $\Gamma_x < O(2)$ は 4 種類で，自明であるか，$SO(2)$ の位数 $p\,(\geq 2)$ の巡回群か，$O(2)$ の位数 2 の鏡映変換群か，巡回群と鏡映変換が生成する位数 $2p$ の多角形群である。最初の場合 x は

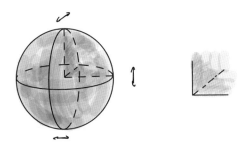

図 **5.9** 軌道体

非特異，2番目以降は x は特異点であると考え，2番目の場合は位数 p の**錐点**，3番目の場合は**鏡映点**，4番目の場合は位数 p の**鏡映角**とよぶ（図 5.10）。

図 **5.10** 特異点

　幾何構造を忘れてまったくトポロジカルに2次元軌道体を定義するには，O の群作用の情報を除いた位相空間 Z_O は境界付き曲面で，境界上および内部上に有限個が指定され，さらにそれぞれ錐点および鏡映角として位数が指定された対象と考える（図 5.11）。

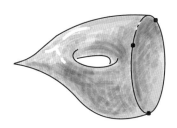

図 **5.11** 2次元軌道体

■ 例 5.20　2 次元軌道体は，必ずしも幾何構造をもたない。しかし，そのような軌道体は例外的で，

1. $Z_O = \mathbb{S}^2$ で，一つの錐点をもつか，位数の異なる二つの錐点をもつ，
2. $Z_O = \mathbb{D}^2$ で，一つの鏡映角をもつか，位数の異なる二つの鏡映角をもつ，

の 2 種類に限られる（図 5.12 参照）。後で示す通り，例外ではない 2 次元軌道体は定曲率幾何構造を許容する。

図 5.12　例外軌道体

　位相空間 Z_O は，特異点の種類に基づき階層化される。すなわち，0 次元階層 $\mathcal{F}^{(0)}$ は錐点と鏡映角からなり，1 次元階層 $\mathcal{F}^{(1)}$ は鏡映点を含む Z_O の境界 ∂Z_O からなり，残りが 2 次元階層 $\mathcal{F}^{(2)}$ をなす。

$$\mathcal{F}^{(0)} \subset \mathcal{F}^{(1)} \subset \mathcal{F}^{(2)}.$$

この階層構造は一般の次元で定義できる。Z_O のセル分割 $Z_O = \bigcup_j c_j$ で，各 k-セルが $\mathcal{F}^{(k)}$ に含まれるものを選ぶ（図 5.13 参照）。このとき一般の次元の軌道体 O に対して，つぎのように定義する。

◆ 定義 5.21　軌道体 O のオイラー標数 $\chi^{\mathrm{orb}}(O)$ は，c_j の点 x に付随した有限群

図 5.13　軌道体のセル分割

Γ_j の構造が c_j の各点で一様であることを利用し,

$$\chi^{\mathrm{orb}}(O) = \sum_j (-1)^{\dim c_j} \frac{1}{|\Gamma_j|}$$

で定義する.

✔ **注意 5.22** 任意の j について $|\Gamma_j| = 1$ のとき,O に特異点はなく,$\chi^{\mathrm{orb}}(O) = \chi(Z_O)$ となって普通のオイラー標数に一致する.

n 次元軌道体 O に対して,軌道体としての被覆空間 $\widetilde{O} \to O$ はつぎのように定義できる.

◆ **定義 5.23** 各点 $x \in O$ に対して,x の近傍 U_x は有限群 $\Gamma_x \subset \mathrm{O}(n)$ による商 $\mathbb{R}^n / \Gamma_x$ の $[x]$ の近傍と同一視できる.$\tilde{x} \in p^{-1}(x) \subset \widetilde{O}$ に対し $\Gamma_{\tilde{x}} < \Gamma_x$ で,$\mathbb{R}^n / \Gamma_{\tilde{x}}$ が $[\tilde{x}]$ の近傍となり,自然な射影に関して

$$\begin{array}{ccc} U_{\tilde{x}} & \longrightarrow & \mathbb{R}^n / \Gamma_{\tilde{x}} \\ \downarrow & & \downarrow \\ U_x & \longrightarrow & \mathbb{R}^n / \Gamma_x \end{array}$$

が可換であるとき,$\widetilde{O} \to O$ は軌道体としての **被覆** という.

◇ **命題 5.24** $\widetilde{O} \to O$ が n 重被覆であるとき,

$$\chi^{\mathrm{orb}}(\widetilde{O}) = n\chi^{\mathrm{orb}}(O)$$

である.

証明 多様体に対する同公式の証明を参考にせよ. □

◇ **命題 5.25** O を,錐点を m 個,鏡映角を n 個もつ 2 次元軌道体とし,錐点の位数は $q_j\,(1 \le j \le m)$,鏡映角の位数は $r_k\,(1 \le k \le n)$ とする.このとき

$$\chi^{\mathrm{orb}}(O) = \chi(Z_O) - \sum_{j=1}^m \left(1 - \frac{1}{q_j}\right) - \frac{1}{2}\sum_{k=1}^n \left(1 - \frac{1}{r_k}\right)$$

証明 Z_O のセル分割 $Z_O = \bigcup_j c_j$ で,各 k-セルが $\mathcal{F}^{(k)}$ に含まれるものを選ぶ. 2-セルの χ^{orb} への貢献はセルの個数 n_2 である.1-セル c_i の個数を n_1 とし,各セルが $\mathcal{F}^{(2)} \setminus \mathcal{F}^{(1)}$ に含まれるか $\mathcal{F}^{(1)}$ に含まれるかによって,a 個と b 個に分け

られたとする。$n_1 = a + b$ であるが，χ^{orb} への貢献は各々 -1 および $-1/2$ なので貢献の総計は $-(a + b/2)$ である。

0-セルの個数を n_0 とし，$\mathcal{F}^{(2)} \setminus \mathcal{F}^{(1)}$ に含まれるか $\mathcal{F}^{(1)} \setminus \mathcal{F}^{(0)}$ に含まれるか $\mathcal{F}^{(0)}$ に含まれるかによって分け，最初の二つは各々 c 個，d 個あるとする。χ^{orb} への貢献は最初の二つは各々 1 および $1/2$ で，貢献の総計は $c + d/2$ である。最後の場合の軌道体のオイラー標数への貢献は，錐点の場合は $\sum_j q_j$，鏡映角の場合は $\sum_k 1/2r_k$ である。さらに，$\mathcal{F}^{(1)} = \partial X_O$ なので $d + n = b$，また $n_0 = c + d + m + n$ なので，

$$
\begin{aligned}
\chi^{\mathrm{orb}}(O) &= n_2 - \left(a + \frac{b}{2} \right) + \left(c + \frac{d}{2} + \sum_{j=1}^{m} \frac{1}{q_j} + \sum_{k=1}^{n} \frac{1}{2r_k} \right) \\
&= n_2 - n_1 + \left(\frac{b}{2} + c + \frac{b-n}{2} + \sum_{j=1}^{m} \frac{1}{q_j} + \sum_{k=1}^{n} \frac{1}{2r_k} \right) \\
&= n_2 - n_1 + n_0 - \sum_{j=1}^{m} \left(1 - \frac{1}{q_j} \right) - \frac{1}{2} \sum_{k=1}^{n} \left(1 - \frac{1}{r_k} \right)
\end{aligned}
$$

となる。　　　　　　　　　　　　　　　　　　　　　　　　　　　　　□

表 5.1 に例外的ではない 2 次元軌道体の $\chi^{\mathrm{orb}} \geq 0$ の場合のトポロジカルに可能なリストを列挙する。軌道体 O のトポロジーは，底空間 Z_O のトポロジーと錐点および鏡映角の位数で指定できる。そこで (;) により ; の左側に錐点の位数，右側に鏡映角の位数を明示する。

◇ **命題 5.26**　2 次元軌道体 O は，例外的でなければ $\chi^{\mathrm{orb}}(O) > 0$ のとき球面構造，$\chi^{\mathrm{orb}}(O) = 0$ のときユークリッド構造，$\chi^{\mathrm{orb}}(O) < 0$ のとき双曲構造を許容する。

証明　$\chi^{\mathrm{orb}}(O) \geq 0$ の場合，リストされた各々について球面およびユークリッド構造をあたえられることが確かめられる。$\chi^{\mathrm{orb}}(O) < 0$ の場合は，普遍被覆に一意化定理を適用すればよい。　　　　　　　　　　　　　　　　　　　　　□

以降は，2 次元のいずれかの定曲率幾何 (Y, H) に射影がある 3 次元等質幾何

$$
\pi : (X, G) \to (Y, H)
$$

表 **5.1** 2 次元の球面およびユークリッド軌道体

Z_O	$\chi^{\mathrm{orb}} > 0$	$\chi^{\mathrm{orb}} = 0$
$\mathbb{S}^2$	$(\ )$ (n,n) $(2,2,n)$ $(2,3,3)$ $(2,3,4)$ $(2,3,5)$	 $(2,3,6)$ $(2,4,4)$ $(3,3,3)$ $(2,2,2,2)$
$\mathbb{D}^2$	$(\ ;\ )$ $(\ ;n,n)$ $(\ ;2,2,n)$ $(\ ;2,3,3)$ $(\ ;2,3,4)$ $(\ ;2,3,5)$ $(n;\ )$ $(2;n)$ $(3;2)$	 $(\ ;2,3,6)$ $(\ ;2,4,4)$ $(\ ;3,3,3)$ $(\ ;2,2,2,2)$ $(2;2,2)$ $(3;3)$ $(4;2)$ $(2,2;\ )$
$\mathbb{PR}^2$	$(\ )$ (n)	 $(2,2)$
$\mathbb{T}^2$		$(\ )$
クラインの壺		$(\ )$
円環面		$(\ ;\ )$
メビウスの帯		$(\ ;\ )$

で，さらに π は幾何構造の間のファイバー束を定義し，ファイバー方向にも 1 次元の幾何構造がある構造を取り上げる．主な対象は曲面 Σ 上の $\mathbb{S}^1$-束

$$\xi : E \to \Sigma$$

に代表される空間がもつべき等質幾何構造である．E のトポロジーはオイラー類 $e(\xi) \in H^2(\Sigma)$，あるいはオイラー数 $e(\xi) \cap [\Sigma] \in H_0(\Sigma) \cong \mathbb{Z}$ で分類される．オイラー数は，E に随伴する 2 次元ベクトル束 VE のゼロ切断 $\Sigma \subset VE$ の自己交差数と一致する．オイラー数がゼロであることと E が直積であることは同値で，ゼロでないときはその数は捻れの程度を表す．したがって，曲面上の $\mathbb{S}^1$-束は，大雑把

には底空間のオイラー標数が正かゼロか負か，ファイバー束のオイラー数がゼロか
非ゼロかの 6 種類に分類される．それにしたがい 6 種類の 3 次元幾何 (X, G) があ
る．それらに共通の性質として，

□ **演習 5.27**　X に自由かつ固有不連続に作用する $\Gamma < G$ に対し，$\pi(\Gamma)$ は H の
離散部分群で，$H/\pi(\Gamma)$ は 2 次元定曲率軌道体になる．

□ **演習 5.28**　X/Γ は，$H/\pi(\Gamma)$ の接束とみなせる．

　演習 5.28 より，$X/\Gamma \to H/\pi(\Gamma)$ は，特異点上にファイバーが特異となる特異
$\mathbb{S}^1$-束の構造が入り，**ザイフェルト多様体**とよばれている（図 5.14）．

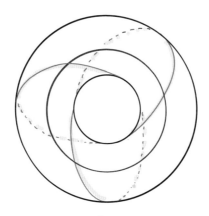

図 **5.14**　特異ファイバー

✔ **注意 5.29**　幾何構造をもつ 2 次元軌道体には例外的な 2 次元軌道体は現れないが，
ザイフェルト多様体のトポロジーはこの構成で尽くされることが知られている（[46]
参照）．

　以下，6 種類の 3 次元幾何を説明する．最初は，2 次元定曲率構造との直積構造
をもつ三つの幾何学から始める．

◆ **例 5.30（直積幾何）**　(Y, H) を 2 次元定曲率幾何とし，$X = Y \times \mathbb{E}$ をリーマン
積，$G = \mathrm{Isom}\, X$ とすると，射影

$$(X, G) \to (Y, H)$$

が定義でき，3 種類ある。

$(Y,H) = (\mathbb{E}^2, \mathrm{Isom}\,\mathbb{E}^2)$ の場合，$(\mathbb{E}^3, \mathrm{Isom}\,\mathbb{E}^3)$ の部分幾何であるが，ユークリッド多様体のトポロジーを議論する上では (X,G) への制限は本質的な制限にはなっていない。

$(Y,H) = (\mathbb{S}^2, \mathrm{O}(3))$ の場合，このクラスの多様体の中に特殊な例が二つある。一つは $\mathbb{S}^2 \times \mathbb{S}^1$，今一つは $\mathbb{RP}^2$ 上の捩れ $\mathbb{S}^1$-束で，二つの $\mathbb{RP}^3$ の連結和であることが確かめられる。これらは古典 3 次元多様体論では球体を囲まない球面が存在する特別視された例に属している。

$(Y,H) = (\mathbb{H}^2, \mathrm{Isom}\,\mathbb{H}^2)$ の場合，体積を有限な対象に限ると底軌道体のエンドはカスプになる（図 5.15）。

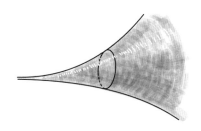

図 5.15　カスプ

◆ 例 5.31（ベキ零幾何）　ベキ零幾何は，ユークリッド曲面上のオイラー数が非ゼロの $\mathbb{S}^1$-束を表現するための幾何である。X は，

$$X = \left\{ \begin{bmatrix} 1 & x & z \\ 0 & 1 & y \\ 0 & 0 & 1 \end{bmatrix} ; x, y, z \in \mathbb{R} \right\}$$

で定義される行列の積を演算とする 3 次元リー群である。$x = y = 0$ とした部分群

$$Z = \left\{ \begin{bmatrix} 1 & 0 & z \\ 0 & 1 & 0 \\ 0 & 0 & 1 \end{bmatrix} ; z \in \mathbb{R} \right\} \cong \mathbb{R}$$

は G の中心であり，

$$Z \cong \mathbb{R} \to X \to \{(x,y) ; x, y \in \mathbb{R}\} \cong \mathbb{R}^2$$

という中心拡大がある。X はトポロジカルには $\mathbb{R}^3$ であるが，たとえば

$$A = \begin{bmatrix} 1 & 1 & 0 \\ 0 & 1 & 0 \\ 0 & 0 & 1 \end{bmatrix}, \quad B = \begin{bmatrix} 1 & 0 & 0 \\ 0 & 1 & 1 \\ 0 & 0 & 1 \end{bmatrix}$$

とすれば，

$$ABA^{-1}B^{-1} = \begin{bmatrix} 1 & 0 & 1 \\ 0 & 1 & 0 \\ 0 & 0 & 1 \end{bmatrix}$$

で，非可換である。X には X の元の積で不変なリーマン計量

$$dx^2 + dy^2 + (dz - xdy)^2 \tag{5.1}$$

があり，$X < \operatorname{Isom} X$ である。$\operatorname{Isom} X$ には X の各要素以外に原点の接空間を回転させる作用に対応して，$\theta \in \mathbb{R}$ に対し

$$\theta \cdot \begin{bmatrix} x \\ y \\ z \end{bmatrix} = \begin{bmatrix} x\cos 2\pi\theta - y\sin 2\pi\theta \\ x\sin 2\pi\theta + y\cos 2\pi\theta \\ z + \theta \end{bmatrix}$$

によって定まる要素があり，z 軸への作用を見るとユークリッド計量と異なり，捻れている。計量 (5.1) は $Z \cong \mathbb{R}$ にユークリッド計量を誘導し，X から $X/Z \cong \mathbb{E}^2$ へのリーマンはめ込みを定める。底空間の回転を含めて $\operatorname{Isom} X$ には短完全列

$$1 \to \operatorname{Isom} \mathbb{E} \to \operatorname{Isom} X \to \operatorname{Isom} \mathbb{E}^2 \to 1$$

がある。G を $\operatorname{Isom} X$ とすれば，(X, G) から 2 次元ユークリッド幾何への射影

$$(X, G) \to (\mathbb{E}^2, \operatorname{Isom} \mathbb{E}^2)$$

が定義できる。幾何構造をもつ多様体の族の位相同型類と，$\chi^{\mathrm{orb}}(O) = 0$ の軌道体上のオイラー数が非ゼロのザイフェルト多様体の位相同型類は一致する。

◆ **例 5.32（球面幾何の部分幾何）** O(4) の部分群 O(3) < O(4) の任意の元 b に対し $bab^{-1} = a^{\pm 1}$ を満たす元 a からなる部分群 $Z < $ O(4) は $\operatorname{Isom} \mathbb{S}^1 \cong$ O(2) に同型。したがって O(3) と Z が生成する部分群 $G < $ O(4) があり

$$1 \to \mathrm{O}(2) \to G \to \mathrm{O}(3) \to 1$$

という短完全列がある。これにより (X, G) から 2 次元球面幾何への射影

$$(X, G) \to (\mathbb{S}^2, \mathrm{Isom}\,\mathbb{S}^2)$$

が定義できる。この幾何構造をもつ多様体の族の位相同型類と，$\chi^{\mathrm{orb}}(O) > 0$ をみたす軌道体 $\mathcal{O}$ 上のオイラー数が非ゼロのザイフェルト多様体の位相同型類は一致する。

◆ **例 5.33 ($\widetilde{\mathrm{SL}(2, \mathbb{R})}$-幾何)**　$\mathrm{PSL}(2, \mathbb{R})$ は，その $\mathbb{H}^2$ への作用を用いて $\mathbb{H}^2$ の単位接束 $ST\mathbb{H}^2$ と同一視できる。この普遍被覆 $\widetilde{\mathrm{SL}(2, \mathbb{R})}$ を X とする。X には $\mathbb{H}^2$ の計量から決まるファイバー方向のスケーリングを除いて自然な計量が入り，リーマン多様体となる。したがって短完全列

$$1 \to \mathrm{Isom}\,\mathbb{E} \to \mathrm{Isom}\,X \to \mathrm{Isom}\,\mathbb{H}^2 \to 1$$

がある。$G = \mathrm{Isom}\,X$ とすると，(X, G) から射影

$$(X, G) \to (\mathbb{H}^2, \mathrm{Isom}\,\mathbb{H}^2)$$

が定義できる。この幾何構造をもつ多様体の族の位相同型類と，$\chi^{\mathrm{orb}}(O) < 0$ をみたす軌道体 $\mathcal{O}$ 上のオイラー数が非ゼロのザイフェルト多様体の位相同型類は一致している。

[コメント 5.34]　3.1.2 項で解説したブリースコーン多様体 $\Sigma(p, q, r)$ は，

$$\frac{1}{p} + \frac{1}{q} + \frac{1}{r}$$

の値が > 1 のとき球面幾何，$= 1$ のときベキ零幾何，< 1 のとき $\widetilde{\mathrm{SL}(2, \mathbb{R})}$ 幾何構造をもつことが，保形形式を用いて [40] で証明されている。指数 p, q, r の条件は，角度が $\pi/p, \pi/q, \pi/r$ の測地三角形を実現する幾何構造に対応している。

✔ **注意 5.35**　これらの幾何構造をもつ多様体について特記すべき事項をまとめておく。

1. 球面幾何を底とする幾何構造をもつ多様体はすべてコンパクトである。
2. 底空間がコンパクトでない場合，ザイフェルト多様体はオイラー数が 0 で，適当な有限被覆をとると自明な $\mathbb{S}^1$-束になる。そのため 2 種類の幾何構造を同時にもつ。
3. 幾何構造をもつコンパクトでない有限体積多様体は，$\mathbb{H}^2$ 幾何を底とする二つの場合に生じ，いずれもトーラスを境界にもつコンパクト多様体の内部に位相同型になる。エンドは，底軌道体のカスプとファイバーの直積になる。

5.2.4 グラフ多様体と幾何化予想

ザイフェルト多様体を組み合わせてできるグラフ多様体を解説するために，その中のごく特殊な多様体を記述する八つ目の3次元等質幾何構造を説明する。

◈ **例 5.36 (可解幾何)** トーラスを $\mathbb{T}^2$ で表す。$\mathbb{T}^2$ の自己同型の写像類（ホモトピー類）は，基本群への作用により $\mathrm{GL}(2,\mathbb{Z})$ と同型であり，対応する行列の固有値を λ, λ^{-1} とするとき，$\lambda \notin \mathbb{R}$, $\lambda = \pm 1$, $\lambda > 1$ にしたがい3種類に分類され，それぞれ**有限位数**，**可約**，**アノソフ**とよばれている。可解幾何は，アノソフ型写像類の写像トーラスである $\mathbb{S}^1$ 上の $\mathbb{T}^2$-束，およびその底空間上の鏡映を全体に自由な作用に拡張した場合の商空間を記述する幾何である。3次元可解リー群 Sol は

$$0 \to \mathrm{Isom}\,\mathbb{E}^2 \to \mathrm{Sol} \to \mathrm{Isom}\,\mathbb{E} \to 0$$

という完全列があり，拡大は，底空間の平行移動 t に対し $\mathbb{E}^2$ の適当な基底 $\{x, y\}$ を固定すると，

$$t(x,y) = (e^t x,\, e^{-t} y)$$

で表される。

◆ **定義 5.37** ワルトハウゼン（F. Waldhausen）により定義された**グラフ多様体**とは，いくつかの有限体積ザイフェルト多様体を境界のトーラスに沿って貼り合わせた多様体か，あるいは可解多様体のことである。

✔ **注意 5.38** 可解多様体は，$\mathbb{T}^2 \times I$ の境界をアノソフ型自己同型で貼り合わせるか，その対合による商であるが，ザイフェルト多様体の構造が入らないため，幾何化の立場からは特別扱いされることがある（図 5.16）。

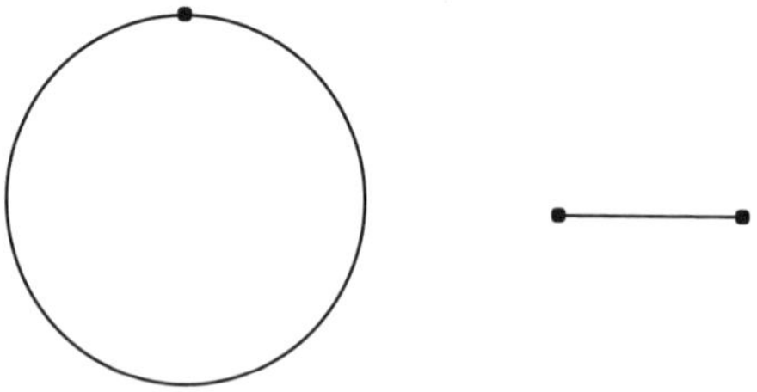

図 **5.16** 可解多様体のグラフ

✔ **注意 5.39** グラフ多様体という名前の由来は，構成要素であるザイフェルト多様体を頂点として，二つの構成要素が境界のトーラスを共有するとき，辺で結ぶことによりグラフがえられることによる。この組合せ的構造がいろいろな議論を単純化することに有用である。ちなみに可解多様体のグラフは図 5.16 の二つのいずれかである。

　3 次元多様体の研究は歴史を振り返ると，とくにポアンカレ予想に限定されることはなく，埋め込まれた曲面を拠りどころとするいろいろな手術手段が見出され，1960 年代までにクネーザー（H. Kneser）とミルナーにより連結和分解（素分解）の存在と一意性，ワルトハウゼンにより本質的曲面を含むハーケン多様体とよばれるクラスに対する位相剛体性などが証明されていた。その後ワルトハウゼンのグラフ多様体の研究を契機に，1970 年代半ばに本質的トーラスを含む多様体の構造論がジェイコー（W. Jaco）・シャーレン（P. Shalen）とヨハンセン（K. Johannson）により進み，創始者の頭字をとった JSJ 理論が確立した。

　JSJ 理論によれば，ハーケン多様体はザイフェルトの部分とアトロイダルとよぶそれ以外の部分に分けられる。一方，同じ頃サーストンは 3 次元多様体の研究に双曲幾何をもち込み，ハーケン多様体のアトロイダルな部分には双曲構造が入ることを証明した。これにより，可解多様体についてはトーラス分解しないと約束した上で，ハーケン多様体は連結和分解およびトーラス分解の後の各ピースには 8 種類の等質幾何構造のいずれかが入ることが示されたことになる。

　サーストンは，1980 年 4 月にインディアナで開催された Mathematical Heritage of Henri Poincaré と題するアメリカ数学会主催のシンポジウムで，

★ **予想 5.40（幾何化予想 [60]）** 任意の 3 次元閉多様体は球面およびトーラスによる標準的な分解をもち，分解後の各ピースには 8 種類のいずれかの幾何構造が入る。

という予想を発表した。ここで「標準的な分解」は連結和分解とトーラス分解を指すものだが，サーストンがそれらを前面に出さずに表現したのは，3 次元トポロジーの研究の過去の経緯に距離をおくことを意識したのではなかったかと想像する。実際，今日では 3 次元トポロジーは幾何とは切り離せないものになっているが，当時これは 3 次元トポロジーに幾何的なアイデアを招く画期的なテーゼであった。

　幾何化予想は 3 次元多様体の一意化に相当し，3 次元多様体の分類に迫る。たとえば，

◇ **命題 5.41** 幾何化予想が正しければポアンカレ予想も正しい。

証明 M を連結和分解で素な単連結多様体とすると，アトロイダルなのでトーラ

ス分解は自明であり，該当する幾何は球面幾何である．球面幾何構造を許容する単
連結多様体は球面しかない． □

　また，ブロディー（E. Brody）によりレンズ空間はライデマイスタートージョン
というホモトピー不変量よりは強い位相不変量で分類できることが知られており
[8]，これを合わせると，

◇ **命題 5.42**　幾何化予想が正しければ，3 次元閉多様体は基本群とライデマイス
タートージョンで分類できる．

これが幾何化予想が 3 次元多様体の分類に迫る主張であるという所以である．幾何
化予想は，21 世紀当初にペレルマンにより解決された．以降の二つの節でその概要
を記すが，ハードな解析が必要な部分の詳細については，[33]，あるいは [44, 45] を
参照されたい．

5.3　リーマン幾何からの準備

5.3.1　曲率

　多様体 N 上のリーマン計量 g とは，N の各点 $p \in N$ で二つの接ベクトルがあ
たえられたとき数字を返す対称性をもつ共変テンソルで，各点 p で接空間上の非退
化対称双 1 次形式 g_p が対応する．つまり，各 $p \in N$ の接空間 T_pN に内積

$$g_p : T_pN \times T_pN \to \mathbb{R}$$

をあたえるということである．これに p の動きに関して微分可能性を課すには，テ
ンソル場の考え方が有効である．T_pN 上の双 1 次形式全体は余接空間 T_p^*N のテ
ンソル積 $T_p^*N \otimes T_p^*N$ と同一視できる．したがって各点 $p \in N$ のファイバーが
$T_p^*N \otimes T_p^*N$ の随伴ベクトル束 $T^*N \otimes T^*N \to N$ を考えると，$T^*N \otimes T^*N$ には
N の C^∞-構造から定まる C^∞-構造が自然にあり，リーマン計量 g は C^∞-級切断

$$g : N \to T^*N \otimes T^*N = (T^*N)^{\otimes 2}$$

である．接空間 T_pN の基底 $\{\partial_1, \partial_2, \ldots, \partial_n\}$ を指定すると，

$$g_{ij}(p) = g_p(\partial_i, \partial_j)$$

が正定値対称行列をなし，これが g のすべての情報をもっている．線形代数より，$T_p N$ の基底として $(g_{ij}(p))$ が単位行列になるような組を選ぶことができる．

$T_p N$ の，とくに正規直交する基底を指定し，$p \in N$ の周りのその測地法線座標系（[55] 参照）を $(x^1, x^2, \ldots, x^n)$ で表す．ただし p はその原点にあるとする．ここで添字が上につくのは，テンソルの共変反変性を見やすくするリーマン幾何の習慣である．この座標系を用いてリーマン計量 g_{ij} を p の近傍で座標に関して展開すると

$$g_{ij}(x^1, x^2, \ldots, x^n) = \delta_{ij} + \frac{1}{3} \sum_{1 \le k, l \le n} R_{ikjl} x^k x^l + \text{高次の項}$$

がえられる．定数項は $T_p N$ では基底が正規直交するように選んでいることが反映されている．また，アインシュタインの規約により和の記号 Σ が省かれることがある．$\{R_{ikjl}\}$ の間には g の対称性にしたがういろいろな関係がある．たとえば，i, k および j, l に関して歪対称であり，i, k と j, l は組にして対称である．すなわち，

$$R_{ikjl} = -R_{kijl}, \quad R_{ikjl} = -R_{iklj}, \quad R_{ikjl} = R_{jlik}$$

が成り立つ．展開式を導く計算は [55] を参照されたい．

$\{R_{ikjl}\}$ は，基底のとり方によらない $T_p N$ からの 4 階の多重線形写像を定義し，余接束 $T^* N$ の 4 階のテンソル束 $(T^* N)^{\otimes 4}$ の C^∞-級切断が定まる．これを

$$\mathrm{Rm} : N \to (T^* N)^{\otimes 4}$$

で表し，**リーマン曲率テンソル**とよぶ．この定義の仕方は古典的で，現代的には共変微分（あるいは接続）を用いて基底によらない手法が用いられる．詳細については [55] を参照されたい．

$T_p N$ の 2 次元部分空間 σ を指定し，$T_p N$ の正規直交基底 $\{\partial_1, \partial_2, \ldots, \partial_n\}$ の ∂_i, ∂_j が σ を張るとする．このとき

◆ **定義 5.43** σ の**断面曲率**は，

$$K_\sigma = R_{ijji}$$

で定義する．

断面曲率は $T_p N$ の正規直交基底のとり方によらないことが確かめられる．したがって，$G_2(T_p N)$ を $T_p N$ の 2 次元部分空間からなるグラスマン多様体とし，$G_2(TN)$ をその随伴束とすると，断面曲率は $G_2(TN)$ 上の関数

$$K : G_2(TN) \to \mathbb{R}$$

とみなせる。さらに，断面曲率はリーマン曲率テンソルから定義したが，その情報
からリーマン曲率テンソルが再現できる。断面曲率は，曲面のガウス曲率の拡張で
ある。詳しくは [55] 参照。

◆ **定義 5.44**　$T_p N$ の正規直交基底を指定したとき，リーマン曲率テンソルの 2 階
の縮約

$$\mathrm{Ric}_{ij} = \sum_k R_{kijk}$$

は対称テンソルであることが確かめられ，$p \in N$ を指定したとき，Ric は基底のと
り方によらない $T_p N$ 上の対称双 1 次形式を定める。そこで Ric を**リッチテンソ
ル**とよび，$(T^* N)^{\otimes 2}$ の切断

$$\mathrm{Ric} : N \to (T^* N)^{\otimes 2}$$

とみなす。リーマン計量 g と同じ型のテンソルであることに注意する。

　$\mathbb{R}$ 上では対称双 1 次形式と 2 次形式が等価な概念であることを思い出すと，す
べての i に対して Ric_{ii} が決まれば，すべての i, j に対して Ric_{ij} の情報がえ
られる。そこで $T_p N$ の単位ベクトル v を指定し，v を延長する正規直交基底
$\{e_1 = v, e_2, \ldots, e_n\}$ を選ぶと，

◆ **定義 5.45**　N の v に関する**リッチ曲率**は，v と e_k で張られる 2 次元平面に関
する断面曲率を $K_{\sigma k}$ で表すと，

$$\mathrm{Ric}(v) = \sum_k R_{k11k} = \sum_{k=2}^n K_{\sigma_k}$$

で定義される。

　リッチ曲率も v を延長する正規直交基底のとり方によらないことが分かる。座標
を離れると，v を指定したとき，v を含む 2 次元部分空間の断面曲率の平均値（積
分値）と理解できる。したがって TN に随伴する単位球面束 STN からの関数

$$\mathrm{Ric} : STN \to \mathbb{R}$$

とみなせる。テンソルと曲率で記号が重複するが，おそらく混乱は生じない。
　リッチテンソルをさらに縮約し，

◆ 定義 5.46　スカラー曲率とは，

$$R = \sum_i \mathrm{Ric}_{ii} = \mathrm{trace}(\mathrm{Ric}_{ij})$$

で定義される N 上の関数である。

　スカラー曲率の $p \in N$ での値は，リッチ曲率を $T_p N$ の単位球で積分したものと解釈できる。また，N が曲面の場合，ガウス曲率とスカラー曲率は定数倍を除いて一致する。

5.3.2　グロモフの崩壊理論

　リッチフローでは，有限時間でリーマン曲率テンソルのノルムが発散する爆発現象が生じる。対象はリーマン計量が崩壊するので，C^∞-級圏に収まる議論では先に進めない。この障害を解消するのがグロモフ（M. Gromov）の距離空間に対する崩壊理論である。グロモフは，指定された距離空間中のコンパクト部分集合全体に対して定義されるハウスドルフ距離という相対的な概念を，コンパクト距離空間全体の集合上の距離として定義し，絶対的な概念に拡張した。今日ではグロモフ・ハウスドルフ距離とよばれている。名前の順は時代ではなくアルファベット表記が優先されている。なお，本項目は本シリーズの [26] 2.4 節にも解説があることをコメントしておく。

　ハウスドルフ距離を定義する。M を距離空間とし，$X, Y \subset M$ を有界閉集合とする。このとき，

$$d_H(X, Y) = \inf\{\varepsilon > 0 \,;\, X \subset N_\varepsilon(Y), Y \subset N_\varepsilon(X)\}$$

とする。

□ 演習 5.47　d_H は距離空間 M の有界閉部分集合全体の集合に距離を定義する（ハウスドルフ距離とよばれている）。

　M のハウスドルフ距離がゼロの有界閉集合は，恒等写像が等長写像をあたえる。グロモフは，X, Y が距離空間 M の部分空間であるという縛りを解放し，関係を使って以下のような定義をあたえた。

◆ 定義 5.48　X, Y をコンパクト距離空間とする。関係 $R \subset X \times Y$ が ε-近似であるとは，以下の 2 条件をみたすときとする。

1. $\mathrm{pr}_X(R) = X$ かつ $\mathrm{pr}_Y(R) = Y$,
2. $(x, y) \in R$ および $(x', y') \in R$ をみたす $x, x' \in X$, $y, y' \in Y$ に対して

$$|d_X(x, x') - d_Y(y, y')| < \varepsilon$$

が成り立つ.

X と Y のグロモフ・ハウスドルフ距離は

$$d_{GH}(X, Y) = \inf\{\varepsilon > 0 \,;\, X, Y \text{ の間に } \varepsilon\text{-近似が存在}\}$$

で定義される.

　実際にハウスドルフ距離を拡張したものであることを確かめるため, X, Y を距離空間 M の有界閉集合とし, $R \subset X \times Y \subset M \times M$ を

$$R = \{(x, y) \in X \times Y \,;\, d(x, y) < \varepsilon\}$$

とする. つぎの証明は演習とする.

◇ **補題 5.49**　R が $X, Y \subset M$ の ε-近似であることと,

$$d_H(X, Y) < \varepsilon$$

であることは同値である.

　X と Y の間に等長写像 $f : X \to Y$ が存在すれば, $R = \{(x, f(x)) \,;\, x \in X\}$ と定義することにより X と Y の間に 0-近似がえられる. X と Y がある距離空間の部分空間という設定は必要なく, グロモフ・ハウスドルフ距離は距離空間同士を絶対的に比較する基準をあたえる.

◆ **定義 5.50**　$\{X_i\}_{i \geq 1}$ を距離空間の列とする. ある距離空間 Y と任意の $\varepsilon > 0$ に対し, ある i_0 が存在し, 任意の $i > i_0$ に対して X_i と Y の間の ε-近似 $R_{i,\varepsilon}$ が存在するとき, $\{X_i\}_{i \geq 1}$ が距離空間 Y に収束するという.

◇ **命題 5.51**　X, Y をコンパクト距離空間とする. 任意の $\varepsilon > 0$ に対し X, Y の間に ε-近似が存在すれば, X と Y は等長的である.

証明　X の点列 $\{x_i\}$ で, 任意の $n \in \mathbb{N}$ に対して最初の k_n 個の点 $\{x_1, x_2, \ldots, x_{k_n}\}$ が X の $1/n$-ネットであるものを選ぶ. さらに各 i と n に対し, $y_i^{(n)} \in Y$ を

$(x_i, y_i^{(n)}) \in R_{1/n}$ をみたすように選ぶ。Y はコンパクトなので，$\{n\}$ の部分列 $\{n_1\}$ で $y_1^{(n_1)}$ が収束するものを選ぶ。そこで

$$I(x_1) = \lim_{n_1 \to \infty} y_1^{(n_1)}$$

と定義する。同様に $\{n_1\}$ の部分列 $\{n_2\}$ を $y_2^{(n_2)}$ が収束するように選び，

$$I(x_2) = \lim_{n_1 \to \infty} y_2^{(n_2)}$$

とする。この操作を続けることにより I は写像

$$I : \{x_i \,;\, i \geq 1\} \to Y$$

を定義する。

I が等長写像であることを確かめる。そのため自然数の組 j, k を $j < k$ であるように固定する。このとき $\{n_j\} \supset \{n_k\}$ であり，$I(x_j) = \lim y_j^{(n_j)} = \lim y_j^{(n_k)}$ かつ $I(x_k) = \lim y_k^{(n_k)}$ である。ここで任意の $n \in \{n_k\}$ に対して，$(x_k, y_k^{(n)}) \in R_{1/w}$ かつ $(x_j, y_j^{(n)}) \in R_{1/w}$ なので，

$$|d(x_k, x_j) - d(y_k^{(n)}, y_j^{(n)})| < 1/n.$$

n はいくらでも大きくとれるので，I は $\{x_i \,;\, i \geq 1\}$ 上等長的であることが分かった。とくに連続である。

一方，$\{x_i \,;\, i \geq 1\}$ は X で稠密なので，I は X からの等長写像に拡張する。 □

◇**系 5.52** $\{X_i\}_{i \geq 1}$ がコンパクト距離空間 Y_1, Y_2 に収束したとする。このとき Y_1 は Y_2 に等長的。

ここまでの議論を非コンパクトな場合に拡張する。

◆**定義 5.53** $(X, x_0), (Y, y_0)$ を基点付き完備距離空間とする。関係 $R \subset X \times Y$ が $(X, x_0), (Y, y_0)$ の間の ε-近似とは，以下の 3 条件をみたすときとする。

1. $d(x_0, y) < \varepsilon$ をみたす $y \in Y$ が存在する。
2. $\mathrm{pr}_X(R) \supset B_{1/\varepsilon}(x_0, X)$ かつ $\mathrm{pr}_Y(R) \supset B_{1/\varepsilon}(y_0, Y)$.
3. $R \cap B_{1/\varepsilon}(x_0, X) \times B_{1/\varepsilon}(y_0, Y)$ は $B_{1/\varepsilon}(x_0, X)$ と $B_{1/\varepsilon}(y_0, Y)$ の間の ε-近似。

◆**定義 5.54** 基点付き距離空間の列 $\{(X_i, x_i)\}$ が (Y, y) に収束するとは，任意の $\varepsilon > 0$ に対してある i_0 があり，任意の $i > i_0$ に対して (X_i, x_i) と (Y, y) の間に ε-近似が存在するときとする。

◇**命題 5.55**　$\{(X_i, x_i)\}_{i \geq 1}$ を基点付き完備距離空間の列で，任意の $i \geq 1$ と任意の $r > 0$ について $B_r(x_i, X_i)$ がコンパクトであるとする．このとき，(X_i, x_i) が完備距離空間 (Y, y) に収束すれば，$B_r(y, Y)$ はコンパクトである．

証明　$B_r(y, Y)$ が全有界であることを示せば十分である．そこで，十分小さい数 $\varepsilon > 0$ を選ぶ．$\{(X_i, x_i)\}$ は (Y, y) に収束するので，ある k に対して $B_r(x_k, X_k)$ と $B_r(y, Y)$ の間に $\varepsilon/2$-近似がある．各 $x \in B_r(x_k, X_k)$ に対して $y(x)$ を $(x, y(x)) \in R$ をみたすように選ぶ．このとき $R(B_{\varepsilon/2}(x, B_r)) \subset B_\varepsilon(y(x), B_r)$．したがって $B_r(x_k, X_k)$ の $\varepsilon/2$-ネット $\{z_1, \ldots, z_m\}$ を選べば $B_r(y, Y) \subset \bigcup_{j=1}^m B_\varepsilon(y(z_j), B_r(y))$.　　□

◇**系 5.56**　$\{(X_i, x_i)\}_{i \geq 1}$ を基点付き完備距離空間の列で，任意の $r > 0$ と $i \geq 1$ に対して $B_r(x_i, X_i)$ はコンパクトであるとする．$\{(X_i, x_i)\}_{i \geq 1}$ が距離空間 (Y_1, y_1), (Y_2, y_2) に収束するとき，(Y_1, y_1) は (Y_2, y_2) に等長的である．

証明　命題 5.55 より $B_r(y_1, Y_1)$, $B_r(y_2, Y_2)$ はコンパクトである．したがって，系 5.52 によりこれらは等長的．r は任意だったので結論がえられる．　　□

　距離空間の収束の判定条件として，グロモフはつぎのたいへん有用な指摘を命題として記している．

◇**定理 5.57**（グロモフ [16]）　$\{(X_i, x_i)\}_{i \geq 1}$ を基点付き完備距離空間の列で，任意の $R > 0$ および $i \geq 1$ に対して $B_R(x_i, X_i)$ がコンパクトであると仮定する．このときつぎは同値．

1. $\{i\}$ の部分列 $\{j\}$ として，$\{(X_j, x_j)\}$ が基点付き完備距離空間 (Y, y) に収束するものが存在する．
2. 以下の性質をみたす $\{i\}$ の部分列 $\{k\}$ が存在する：任意の $R > 0$ と $\varepsilon > 0$ に対して，$B_R(x_k, X_k)$ を被覆するのに必要な ε-球の個数が，R と ε のみによる定数 $K_{R, \varepsilon}$ で上から抑えられる．

証明　たとえば [16] を参照されたい．　　□

　一般にリーマン多様体の列のグロモフ・ハウスドルフ極限は複雑な対象になりうる．しかしながら次元の概念は意味をもたせることができ，次元が落ちるときは**崩壊**とよぶ．本書の主な興味は，崩壊するが幾何的には野生的にはならない例で，以下で極めて素朴な崩壊例を挙げる．

◆ 例 5.58 n 次元リーマン多様体 (N, g) を考える。g を正の定数 $k \in \mathbb{R}$ で定数倍すると，(N, kg) の直径は k 倍になる。したがって，k として 0 に収束する族を選べば，どんなリーマン多様体も計量の変形で 1 点に崩壊させることができる。言い換えると，1 点に崩壊してしまう計量の族あるいは列は，そのままでは元の空間の情報を何も提供しない。

◆ 例 5.59 簡単だが示唆的な 2 次元トーラスの退化の例を解説する。$\Gamma \subset \mathbb{E}^2$ を各軸方向への単位平行移動が生成する格子とする。$\Gamma \backslash \mathbb{E}^2$ はトーラスだが，計量を

$$g_t = t dx^2 + dy^2$$

で変化させて $t \to 0$ とすると $\Gamma \backslash \mathbb{E}^2$ は x-軸方向の $\mathbb{S}^1$ が 1 点に縮み，$\mathbb{S}^1$ に崩壊する（図 5.17）。

図 5.17 1 次元崩壊

また，計量の変化を

$$g_t = t dx^2 + \frac{1}{t} dy^2$$

に選べば $\Gamma \backslash \mathbb{E}^2$ は x-軸方向には 1 点に縮み，y-軸方向には延び，$\mathbb{R}$ に崩壊する（図 5.18）。とくに，コンパクトな空間の崩壊極限はコンパクトとは限らない。

図 5.18 非コンパクト空間への崩壊

さらに

$$g_t = t dx^2 + t dy^2$$

とすると 1 点に崩壊するが，たとえば計量を $(1/t)g_t$ として直径が一定になるように各時刻でリスケールすると（図 5.19），あらゆる時刻で $\Gamma \backslash \mathbb{E}^2$ で一定である。

図 5.19　リスケール

リスケールという考え方は，崩壊現象を拡大して観察することに相当し，崩壊先を解析するのにたいへん有用な手段である（図 5.20 参照）。

図 5.20　リスケールは顕微鏡で崩壊現象を観察

◆ 例 5.60　2 次元定曲率幾何へ射影がある 3 次元等質幾何は，2 次元定曲率幾何上の 1 次元束になっている。このファイバーの計量のみを定数倍することで，これらの幾何に属する多様体は 2 次元の定曲率軌道体に崩壊する。とくに，ザイフェルト多様体は底軌道体に崩壊する（図 5.21）。

図 5.21　底軌道体への崩壊

◆ 例 5.61　境界成分が一つの境界付きザイフェルト多様体 N_1, N_2 を，境界で束

構造が異なる方向で貼り合わせると，これは典型的なグラフ多様体である。そして境界で整合性をもつように N_1, N_2 に等質幾何計量をあたえ，両者のファイバー方向が整合性をもつようにファイバーを縮約する計量の変形を考える。両者のファイバーが 1 次独立であることから，N_1, N_2 の崩壊先は，非コンパクトなカスプをもつ軌道体になり，極限は N_1, N_2 の崩壊先の交わりのない和になり，本質的トーラスに沿ってちぎれる（図 5.22）。

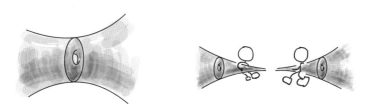

図 **5.22** 本質的トーラスに沿ってちぎれる

◆ 例 **5.62** トーラス $\mathbb{T}^2$ の向きを保つ自己同型のイソトピー類である写像類は $SL(2,\mathbb{Z})$ と同型であり，その元は，トレースの絶対値が 2 のときは可約，1 以下のときは有限位数，その他はアノソフに分類されることを思い出す。$\mathbb{S}^1$ 上の $\mathbb{T}^2$-束は，写像トーラスとしての貼り合わせ写像の種類によって，有限位数ならばユークリッド構造，可約ならばベキ零構造，アノソフならば可解構造をあたえることができる。いずれの場合もファイバーを崩壊させることが可能で，$\mathbb{S}^1$ または $\mathbb{R}$ に崩壊させることができる（図 5.23 参照）。一方，ザイフェルト幾何であるユークリッド

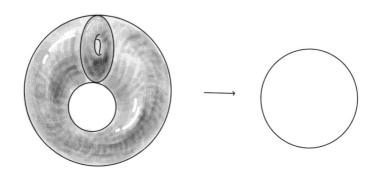

図 **5.23** $\mathbb{T}^2$-束の崩壊先

構造およびベキ零構造は自然な 2 次元対象への崩壊があるが，可解幾何構造では 2 次元対象への自然な崩壊はない。

◆ **例 5.63** 特別な方向を特定できない双曲幾何においては，崩壊現象として，計量のリスケールによるものに限ると，点に崩壊する以外のケースはない。

✔ **注意 5.64** 崩壊現象では，直径が有界であれば体積は 0 に近づく。また，直径は制御不能である。

5.3.3 塩谷・山口の定理

　前項では等質幾何構造を使ったリーマン多様体の分かりやすい崩壊例を解説した。しかし，一般のリーマン多様体の計量変形による崩壊先がどうなるかは単純ではない。とくに何の条件も課さずに崩壊現象を扱うのは無理である。そこでグロモフの更なる崩壊理論がある。グロモフは曲率に適当な有界性を課すことにより，多様体上のリーマン計量全体のなす空間を等長関係で割った空間がプレコンパクトであること，すなわち崩壊現象の極限があることを示した [16]。この極限にはリーマン計量の残像が残っており，リーマン多様体ではないが**アレキサンドルフ空間**とよばれる曲率が定義できる空間である。

　多様体 N が許容するリーマン計量で N のトポロジーを曲率から推し量ろうという立場をとってみる。たとえば計量 g を k 倍すると断面曲率は $1/k^2$ 倍になる。N が許容するリーマン計量は，局所的な変形で正にも負にもなりうることを念頭に置くと，多様体のトポロジーの情報を引き出すには，断面曲率，あるいはリーマン曲率テンソルが何らかの意味で有界となる状況を考えることが必要である。

　チーガー（J. Cheeger）・グロモフが展開した理論 [10] は，崩壊先のアレキサンドルフ空間としての次元が元の多様体の次元より低くなるときを扱う。断面曲率が上下から有界で，さらに体積が十分小さくなる場合には，トーラス作用を許容する多様体をファイバーとするファイバー束の構造が概ね現れることを主張した。

　塩谷（T. Shioya）と山口（T. Yamaguchi）の定理は，3 次元の場合には，断面曲率を下から有界と条件を緩めても，チーガー・グロモフの結論をつぎのように強められることを主張する。

◇ **定理 5.65 (塩谷・山口 [57])** 以下をみたす二つの小さな普遍定数 ε_0, δ_0 が存在する：向き付け可能な 3 次元閉多様体 N が断面曲率 $K \geq -1$ で体積 $\mathrm{vol}\, N < \varepsilon_0$ のリーマン計量を許容するならば，

1. N はグラフ多様体,
2. $\operatorname{diam} N < \delta_0$ で $\pi_1(N)$ は有限群

のいずれかが成り立つ。

　この定理の帰結は二律背反ではなく，重なりがある。断面曲率を下から抑えると，元がグラフ多様体でなければ，直径は小さく基本群が有限になると読む。すなわち，断面曲率が下から抑えられているという状況では，直径が大きいときは自動的にグラフ多様体で，小さいときにはグラフ多様体でなければ基本群が有限になるという主張である。

　グラフ多様体は，断面曲率が上下に有界で，かつ直径は一定以上だが体積はいくらでも小さくなるリーマン計量を許容する。このことは，ザイフェルト多様体に対しては前項で示しており，トーラスでの貼り合わせを計量を含めて実行するのは良い演習問題である。

　崩壊現象そのものは複雑であるが，崩壊理論を用いると元の多様体のトポロジーが崩壊寸前の状況から復元できるということがポイントである。また定理の最初の帰結に直径の仮定がないことも留意しておきたい。すなわち，グロモフ・ハウスドルフ極限は非有界である場合を含んでいる。断面曲率を下から抑えて体積をいくらでも小さくできれば，というのが仮定で，結論として，塩谷・山口の定理はそのような計量を許容する多様体のトポロジーは二つの場合が起こりうると主張する。

　定理の証明は，リーマン多様体のグロモフ・ハウスドルフ極限である野生的なアレキサンドルフ空間を介するので，本書ではカバーできないが，塩谷・山口の論文の序章の記述にしたがってアウトラインを記しておく。

　最初に，両仮定のもとでさらに直径が小さいと仮定する。多様体は非負曲率をもつアレキサンドルフ空間であることが [56] で示されている。これより，グラフ多様体でなければ基本群が有限であることが分かる。したがって主要なのは直径が大きい場合である。

　$p \in N$ を選ぶ。[56] から，曲率が下から抑えられている場合，$p \in N$ の近傍 B_p には，収束先の曲率が下から抑えられたアレキサンドルフ空間 X の計量球体 X_p 上にファイバー構造が入る。低空間の次元が 2 の場合は局所的にファイバーに $\mathbb{S}^1$ 作用がある。また，1 の場合は閉区間 X_p 上で球面またはトーラスをファイバーとする束構造があり，B_p は $\mathbb{S}^2 \times I$, $\mathbb{T}^2 \times I$, $\mathbb{D}^3$, $\mathbb{RP}^2 \tilde{\times} I$, $\mathbb{S}^1 \times \mathbb{D}^2$, $\mathbb{K}^2 \tilde{\times} I$ のいずれかに位相同型である。ただし，$\mathbb{RP}^2$ は実射影平面，$\mathbb{K}^2$ はクラインの壺，$\tilde{\times}$ は捻れ積を表す。これらの局所的な情報から N を二つの部分 $N = U_1 \cup U_2$ に分ける。こ

こで U_1 および U_2 は，グロモフ・ハウスドルフの意味でそれぞれ 1 次元的および 2 次元的な部分である。あとは X_p の面積の制御のもとに，U_1 の各成分は上記の 6 種類と位相同型であること，さらに U_2 部分はグラフ多様体の構造が入ることを示す。証明は多分に技術的な議論が必要であり，原典 [57] を参照されたい。

✔ **注意 5.66**　前々項および前項でポアンカレ予想証明の一つの根幹をなしたグロモフや塩谷・山口の議論を原典に預けたが，読者はこのガイドラインによりポアンカレ予想解決の出発点に最短距離で近づけると期待している。ちなみに，塩谷・山口の定理はペレルマンの解決宣言とほぼ同時に発表された。

5.4　リッチフロー

　ここまでで，等質幾何構造をもつ 3 次元多様体の単純な崩壊現象の例，および曲率を下から抑え，さらに体積が小さくなる場合に可能なトポロジーについての塩谷・山口の定理は，可能な崩壊現象を解析することで証明されることを解説した。本節では，ハミルトンにより導入されたリーマン計量の変形原理であるリッチフローと，ペレルマンによる解析の入口をごく手短に解説する。

5.4.1　リッチフローの基礎

　リッチフローは，ハミルトンにより創始された多様体 N 上のリーマン計量の変分原理である。まず N に計量 g があたえられたとする。このとき N の各点で

$$\frac{d}{dt} g = -2 \operatorname{Ric}_g \tag{5.2}$$

という連立偏微分方程式の解をリッチフローという。右辺の Ric_g は g から決まる N 上のリッチテンソルである。-2 という係数は，負であることは重要だが 2 は後の計算をエレガントにするための選択である。

　この方程式の解がなぜフロー（ベクトル場）とよばれるかを解説するため，N 上のリーマン計量全体の空間

$$\mathcal{M}'(N) = \{g : N \to T^*N^{\otimes 2} \text{ は } C^\infty\text{-級切断；像は各点で正定値対称}\}$$

を考える。これは無限次元の空間だが，N からベクトル束 $T^*N^{\otimes 2}$ への切断がメンバーであり，無限次元多様体としての自然な微分構造が入る。一方，$\mathcal{M}'(N)$ には N の C^∞-級自己微分同型写像からなる群 $\operatorname{Diff} N$ の作用がある。さらに g を定数

倍するスケーリング $\bar{g} = \lambda g$ に対して時間スケールに距離のスケールの自乗を採用して $\bar{t} = \lambda t$ で変換すると，左辺は

$$\frac{d}{d\bar{t}}\,\bar{g} = \frac{d}{dt}\frac{dt}{d\bar{t}}\lambda g = \frac{d}{dt}\,g$$

となり，同じ方程式が現れる。そこで (5.2) を，$\mathcal{M}'(N)$ をこの二つの関係が生成する同値関係 $\sim$ で割った空間

$$\mathcal{M}(N) = \mathcal{M}'(N)/\sim$$

上で定義される方程式とみなす。

　点 $p \in N$ を指定すると g_p は $T_p N$ 上の正定値対称双 1 次形式であり，それが時間に沿って動く方向の微分が $\mathrm{Ric}(p)$ であたえられる。その方向が切断として N 上で一斉に指定されると解釈すると，(5.2) は $\mathcal{M}(N)$ 上のベクトル場と思える。とはいえ，これは無限次元での話で，有限次元多様体上でのベクトル場の積分曲線の存在が常微分方程式の解の存在定理から導けるようには簡単ではない。

　適当な局所座標を用いると，方程式 (5.2) は大雑把には熱方程式

$$\partial_t g_{ij} = \Delta g_{ij} + \cdots$$

として表せる。ここで Δ はラプラス作用素である。さらに $g(t)$ をリッチフロー，すなわち (5.2) の解とすると，そのリーマン曲率テンソル $\mathrm{Rm}_{g(t)}$ の時間微分は

$$\partial_t \mathrm{Rm}_{g(t)} = \Delta \mathrm{Rm}_{g(t)} + Q(\mathrm{Rm}_{g(t)}) \tag{5.3}$$

と計算され，最後の項は 2 次である。この二つの方程式により，熱方程式の解が時間の発展により熱の分布をより均一にするのと同様に，リッチフロー $g(t)$ は時間発展にしたがい計量をより等質にすることが期待される。しかし，(5.3) の 2 次の項の存在は，曲率が大きい領域では別の非線形効果が生じて解が特異になる可能性を示唆する。

　多くの困難が予想される方程式ではあるが，リッチフローを創始したハミルトンの最初の論文に含まれたつぎの定理は基本的である。

◇ **定理 5.67 (ハミルトン [18])** N をコンパクト多様体，g_0 を N 上の任意のリーマン計量（初期計量とよぶ）とする。

1. 方程式 (5.2) には g_0 を初期計量する一意解 $(g(t))_{t\in[0,T)}$ が存在する。

2. 解の存在時間 $T \in (0, \infty]$ を極大に選ぶ。$T < \infty$ のとき,

$$\max_{x \in N} |\mathrm{Rm}_{g(t)}(x)| \to \infty \qquad (t \nearrow T)$$

が成り立つ。このとき $g(t)$ は $t = T$ で**特異**であるという。

つぎの例は,フローが容易に計算でき,基本的である。

◆ **例 5.68**　計量 g_0 は,$\mathrm{Ric}_{g_0} = \lambda g_0$ をみたすときアインシュタイン (A. Einstein にちなむ) という。このとき,リッチ曲率はスケールによらないので方程式 (5.2) は

$$g(t) = (1 - 2\lambda t)g_0$$

という解をもつ。

典型的な例が三つある。ラウンド球面はアインシュタインで $\lambda > 0$ である。このとき $T = 1/2\lambda$ で特異になり,直径が 0 になる。双曲多様体もアインシュタインで $\lambda < 0$ である。このとき (5.2) は時間大域解をもち,計量は時間に対して線形に拡大していく。ユークリッド多様体もアインシュタインで $\lambda = 0$ である。このとき $g(t) = g_0$ で,計量は変化しない。

5.4.2　ブローアップ解析

特異部分が生成する状況を見る格好の例は,以下のダンベルである。

◆ **例 5.69 (ダンベル)**　つぎのようなリーマン多様体をダンベルという。N は球面で,初期計量は半径が r_1, r_3 のラウンド球面を半径 r_2 のチューブで滑らかに結んだもので,図 5.24 の横軸に関する 2 次元回転対称性をもつ。

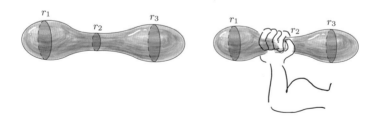

図 **5.24**　ダンベル

ダンベルの計量は,軸のパラメータを s としたとき,s に関する適当な関数 $f(s)$ を用いて

$$f^2(s)g_{\mathbb{S}^2} + ds^2$$

で表される。ダンベルは有限時間で特異状態になる。しかしその様相は r_2, r_2, r_3 の値による。

　三つの半径が比較可能のとき，N の直径はゼロに近づき，基点のとり方によらずリスケール極限はラウンド球面になる。この型の特異状況を**消滅**とよぶ（図 5.25）。

図 5.25　消滅

　$r_2 \ll r_1, r_3$ のとき，中央部分に基点を選んでリスケールするとラウンドシリンダー $\mathbb{S}^2 \times \mathbb{R}$ に近づく。この型の特異状況を**ネック**とよぶ（図 5.26）。

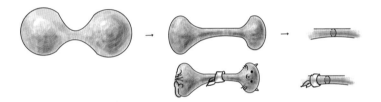

図 5.26　ネック

　これらの中間の特異状態として，一方の球面が他方に比べてより速く縮む場合がある。そこで縮む側の球面に基点をとってリスケールすると一方向にエンドが伸びる放物面型に至る。この特異状況を，発見者のブライアン（R. Bryant）にちなんで**ブライアン解**とよぶ（図 5.27）。

図 5.27　ブライアン解

　N のトポロジーは未知で，計量 g_0 もまったく一般であったとする。これから，特異状況は実はダンベルの例で尽くされていると考えてよいことを解説する。

$(N, g(t))$ を $[0, T)$ で定義されたリッチフローで, 時刻 $T < \infty$ で特異になるとする. このとき $N \times [0, T)$ の点列 $\{x_i, t_i\}$ で,

$$\lambda_i = |\mathrm{Rm}(x_i, t_i)| \to \infty \qquad (t_i \ll T)$$

をみたすものが存在する. この状態を, (x_i, t_i) が**特異点に逃げる**とよぶことにする. 以降は $i \to \infty$ にしたがって適当なスケーリングを選ぶことにより特異点の周りをブローアップして解析を行う.

そのため $g_i'(t) = \lambda_i g(\lambda_i^{-1} t + t_i)$ とおき, リッチフロー

$$(N, g_i'(t)_{t \in [-\lambda_i t_i, 0]}, (x_i, 0))$$

を考える. フロー $g'(t)$ は, 距離を $\sqrt{\lambda_i}$ 倍, 時間を λ_i 倍し, さらに時刻を $(x_i, 0)$ から (x_i, t_i) にシフトしてえられるリッチフローである. 定義時間は $i \to \infty$ のとき $-\lambda_i t_i \to -\infty$ なので, 過去に遡る時間が長くなる. さらに, (x_i, t_i) の近くでのスケール $\lambda_i^{-1/2}$ は, $g_i'(t)$ の $(x_i, 0)$ の近くでのスケール 1 をリスケールしたものに他ならない.

アスコリ・アルツェラ型のコンパクト性定理が適用できれば (実際, 適用できることが示されている), 部分列をとり, グロモフ・ハウスドルフ極限

$$(N, (g_i'(t))_{t \in [-\lambda_i^2 t_i, 0]}, (x_i, 0)) \to (N_\infty, (g_\infty(t))_{t \le 0}, (x_\infty, 0))$$

がえられる. この極限を**特異モデル**とよぶ. 特異モデルは $t \le 0$ で定義され, 時間がいくらでも遡れるので**古代解**とよばれている.

一つ注意をする. 収束 $g_i \to g_\infty$ はハミルトンによるグロモフ・ハウスドルフの意味であり, リーマン曲率テンソルの収束は意味しない. より正確には, M_∞ を結果として覆い尽くす開集合の増大列 $U_1 \subset U_2 \subset \cdots$ と, $\phi_i(x_\infty) = x_i$ をみたす微分同型 $\phi_i : U_i \to V_i \subset N$ に対し,

$$\phi_i^* g_i'(t) \to g_\infty$$

をみたすものが存在することを意味する.

つぎはペレルマンのブレークスルーである.

◇ **定理 5.70 (ペレルマン [49])**　特異モデルは, リスケールにより以下のモデルに等長的である.

1. ラウンド縮退球面 $(\mathbb{S}^3, (1-4t)g_{\mathbb{S}^3})$.
2. ラウンド縮退シリンダー $(\mathbb{S}^2 \times \mathbb{R}, (1-2t)g_{\mathbb{S}^2} + g_{\mathbb{R}})$, あるいはその商 $(\mathbb{S}^2 \times \mathbb{R})/\mathbb{Z}_2$.
3. ブライアン解 $(N_{\mathrm{Bry}}, (g_{\mathrm{Bry}}(t)))$.

これら三つの解に, コンパクト楕円的な解を加えて **κ-解** とよぶ.

◇ **定理 5.71 (ペレルマンの標準近傍定理 [49])** $(N, (g(t))_{t \in [0,T)})$ を 3 次元リッチフロー, $T < \infty$ とする. このとき, 任意の $\varepsilon > 0$ に対して, 定数 $r(g(0), T, \varepsilon) > 0$ として, 任意の $(x,t) \in N \times [0,T)$ について

$$|\mathrm{Rm}(x,t)|^{-1/2} \leq r$$

であれば, $B_{g(t)}(x, \varepsilon^{-1}r)$ は κ-解の時間スライスに ε-クローズである.

この定理はリッチフローの局所非崩壊を主張する. リーマン曲率テンソルのノルム $|\mathrm{Rm}|$ は特異性の程度を表す量であるが, その次元は長さの -2 乗で, $r = |\mathrm{Rm}|^{-1/2}$ は曲率スケールとみなせる. したがって定理 5.71 は曲率がたいへん大きい領域は概ねシリンダーかラウンド球面かブライアン解などに等しいことを主張している.

5.4.3 手術付きリッチフロー

リッチフローは特異時刻に到着すると, リーマン多様体としては何らかの意味で退化が生じる. 定理 5.71 は退化直前の状況は分類可能で, しかもそれほど複雑ではないことを示している. そこで多様体を特異集合の周りで改変してリッチフローをさらに延長する試みが**手術**である.

手術付きリッチフローとは, リッチフローの列

$$(N_1, (g_1(t))_{t \in [0,T_1]}), \ (N_2, (g_2(t))_{t \in [T_1, T_2]}), \ (N_3, (g_3(t))_{t \in [T_2, T_3]}), \ \cdots$$

であり, 多様体 $N_1, N_2, N_3, \ldots$ のトポロジーは変わりうる. さらに, フローの発展時間 $\bigcup [T_i, T_{i+1}]$ は $[0, \infty)$ であり, 継ぎ目の時刻では $(N_i, g_i(T_i))$ と $(N_{i+1}, g_{i+1}(T_i))$ は手術によって移るとする. 手術の過程は概ね以下の通りである (図 5.28).

$N_{sing} \subset N_i$ を, 定理 5.71 が適用できる程度に曲率のノルムが大きい部分とする. N_i を, N_{sing} のシリンダー状のエンドのそばの直径が $r(T_i) \ll 1$ の球面断面でカットし, 適当な形状の 3 次元ディスクでキャップする. えられた多様体 $N_{i+1}, g_{i+1}(T_i)$ を初期状態としてリッチフローを延長する.

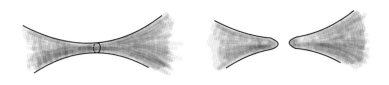

図 5.28　手術

　実際の手術過程は手術時刻が収束しないように技術的に複雑な制御が必要である。詳細には立ち入れないが，ペレルマンは以下のように結論づける手術過程を明示した。

◇ **定理 5.72（ペレルマン [50]）**　(N, g) を閉 3 次元リーマン多様体とする。手術スケール $r(T_i) > 0$ を十分小さく選べば（ただし i ごとに選ぶ），(N, g) を初期データとする手術時刻が集積しない手術付きリッチフローを構成できる。

　この定理の系であるが，N は，手術過程に現れる N_i と有限時間で消滅する $\mathbb{S}^3/\Gamma$ または $\mathbb{S}^2 \times \mathbb{S}^1$ の連結和である。したがって，手術付きリッチフローが有限時間で消滅すれば，

$$N \approx \#_{j=1}^{k}(\mathbb{S}^3/\Gamma_j)\#m(\mathbb{S}^2 \times \mathbb{S}^1).$$

　ペレルマンは基本群が有限ならば（実際はもう少し弱い条件の下で）手術付きリッチフローは有限時間で消滅することを示し，ポアンカレ予想の解決へのバイパスを提示している。

◇ **定理 5.73（ペレルマン [51]）**　単連結な 3 次元閉多様体は $\mathbb{S}^3$ に位相同型である。

　一方，ペレルマンの解析は二番目の論文 [50] が発表された時点で幾何化予想の解決を主張している。その出発点は，手術付きリッチフローが有限時刻では消滅しない場合である。

　このとき，十分大きな時刻 $t \gg 1$ で，多様体は

$$N_{thick}(t) \cup N_{thin}(t)$$

に分割される。$N_{thick}(t)$ は漸近的には双曲多様体に近づく。$N_{thin}(t)$ は塩谷・山口の定理によりグラフ多様体であることが分かる。したがって

◇ **定理 5.74 (ペレルマン [49, 50])** 幾何化予想は正しい。

が結論される。

6

解決から20年

6.1 歴史の一区切り

　高次元のポアンカレ予想が解かれた後，手術理論が大きく進展し，1970年代前半には多様体のトポロジーの分類は高次元では一段落したと言われていた。そして多くの研究者が残された低次元に興味を向け始めた。その後の最初の転機はサーストンの登場で，1970年代後半から3次元多様体論に幾何的手法が導入された。同氏の特異な数学観については [36] を参照されたい。つぎが1980年代初頭のフリードマンによる野生トポロジーによる位相4次元多様体論と，ドナルドソンのゲージ理論による C^∞-級4次元多様体論の登場である。それから20年強，21世紀に入りペレルマンにより幾何化予想が解決された。4次元の C^∞-級ポアンカレ予想は未解決だが，この時点で多様体のトポロジーの研究は，再び一段落ついたと考えるのは一つの見識である。

　1970年代前半までトポロジー分野は，多様体のトポロジーの研究が主流であり，手法開発も多様体のトポロジーの探求を前提として進んでいた。しかしその後の30年で，トポロジーは多様体のトポロジーを主な研究対象にしながら，多様体のトポロジーという枠に収まらず，幾何的な構造，野生的な構造，物理に起源をもつ解析的な構造等が付加構造として登場し，空間自身も必ずしも多様体とは限らない対象を相手にすることによって成果を挙げた。こうした流れが，ポアンカレ予想の解決が提供するこれからのトポロジー研究の素地である。

6.2 明日へ

　数学で大きな予想が解けるときは必ず飛躍がある。飛躍は予想の解決に貢献するが，同時に新たな数学理論が進むのは歴史が示すところである。ポアンカレ予想の解決を経て20年過ぎた2022年の時点で，トポロジーという分野が今どうなってい

るか，これからどうなりそうかについて，少し私感を記したい。

　今日のトポロジー研究には大きな流れがいくつもある。ポアンカレ予想に関連しては，グロモフ流の幾何の擬化あるいは粗化の考え方の広がり，および物理との関係の深化が，流れを導く源泉を提供しているように感じる。

　グロモフ流の擬化とは身勝手な表現だが，たとえば距離空間の間の等長関係を擬等長関係にリラックスすることにより議論の枠組みを大きく広げる考え方である。擬等長関係はそもそもモストフの剛体性の証明に現れた概念だが，グロモフが導入した双曲群論では主要な役割を果たし，幾何学的群論とよばれる分野が確立し，同時に CAT(0) 空間の幾何も興味の中心になっている。エイゴル（I. Agol）による仮想ファイバー予想の解決 [1] は，こうした新しい背景なしにはえられなかった多様体のトポロジーの成果の一つである。しかし今日の幾何学的群論プラスアルファの研究振興は，多様体のトポロジーの解明の道具という枠には収まらず，面白い分野に育ちつつあり，研究者人口も世界的に増加の道を歩んでいる。

　ペレルマンによるグロモフの崩壊理論を絡めた幾何化予想の解決手法は，偏微分方程式の時間発展に伴う爆発解を扱う新たな手法を提供した。このアイデアを適用できる範囲は実に広く，偏微分方程式論の研究者にも多大な影響をあたえた。リーマン多様体の幾何を偏微分方程式を基に解析する幾何解析の分野においても革新は続いており，一般の次元でのリッチフロー，複素幾何などでも進展が著しい。

　もう一つの物理との結びつきの深化の原点として，1980 年代のドナルドソンによるゲージ理論の適用 [12]，ジョーンズ（V. Jones）による結び目の多項式の発見 [24]，ウィッテン（E. Witten）の位相的量子場理論 [68]，フロアー（A. Floer）のホモロジー論 [13] を思いつく。

　ドナルドソンは，多様体上の適当なファイバー束上で定義される物理に由来する微分方程式の解全体の空間を考えるという手法を創始したが，その手法はまったく新規の多様体のトポロジーの情報をもたらし，いくつもの古典的問題を解決してその威力を見せつけた。さらにフロアーは同じアイデアで，シンプレクティック幾何におけるラグランジアン部分多様体の交点をチェインとするモース型のホモロジー論を創始し，今日シンプレクティックトポロジーとよばれる分野が生まれた。

　一方，作用素環論のジョーンズが結び目理論に参入して新たな多項式不変量を発見したこと，およびウィッテンによるその位相的量子場の理論による解釈は，量子トポロジーという分野を生み，現在に至っている。そもそも作用素環論は量子力学を記述する分野であったが，今やその発展が，絡み目や組み紐などで表現される数学的構造と量子力学的現象を結びつける言語になっている。

　両者の流れは物理に背景があるという共通点をもつだけでなく，純粋数学的にも無縁ではない。解析的手法と組合せ的手法の接点が，表現論を仲介者として多くの場面で見出されている。また，幾何構造とも無縁ではなく，双曲結び目の体積が色付きジョーンズ多項式の特殊値のエントロピー極限に一致することを主張する体積予想は，今日の最大の話題の一つであることは間違いない。

　こうした発展に加え，多様体のトポロジーの研究の素地が，トポロジー研究者も巻き込んで数学外の分野に応用されたり新たな分野を切り拓いたりしている。ベクトル束分類理論の応用として，物性物理はトポロジカル相転移について 2016 年にはノーベル賞受賞者を輩出した。また，ホモロジー論の力学系化である位相データ解析の手法は，そもそもは物性物理に応用を見出していたが，今日ではその応用の方面は多岐にわたる。

　このように 1904 年に始まるポアンカレ予想を端緒としたトポロジーの研究は，夢を何重にも塗り替え，たいへん広い分野に広がっている。例えてみると，気楽に宇宙を旅するような夢の時代に近づいているという感じか。それにしても，本シリーズのタイトルは時機を得ている。

参考文献

[1] I. Agol, The virtual Haken conjecture. With an appendix by Agol, D. Grove and J. Manning, *Doc. Math.*, **18** (2013), 1045–1087.

[2] J. Andrew and C. Rubin, Some spaces whose product with E^1 is E^4, *Bull. Amer. Math. Soc.*, **71** (1965), 675–677.

[3] M. Ashenbrenner, S. Friedle and H. Wilton, *3-manifold groups*, EMS Series of Lectures in Math., 2015.

[4] R. Bing, Upper semicontinuous decompositions of E^3, *Ann. of Math.*, **65** (1957), 363–374.

[5] R. Bing, The cartesian produce of a certain non-manifold and the line is E^4, *Ann. of Math.*, **70** (1959), 399–412.

[6] E. V. Brieskorn, Examples of singular normal complex spaces which are topological manifolds, *Proc. Mat. Aca, Sci.*, U.S.A., **55** (1966), 1395–1397.

[7] E. Brieskorn, Beispiele zur Differentialtopologie von Singularitäten, *Inventiones Math.*, **2** (1966), 1–14.

[8] E. Brody, The topological classification of the lens spaces, *Ann. of Math.*, **71** (1960), 163–184.

[9] A. Casson, Three lectures on new infinite constructions in 4-dimensional manifolds, in L. Guillou and A. Marin, *A la Recherche de la Topologie Perdue*, Prog. Math. **62**, Birkhäuser, 1986.

[10] J. Cheeger and M. Gromov, Collapsing Riemannian manifolds while keeping their curvature bounded I, II, *J. Differential Geometry*, **23** (1986), 309–346 and **32** (1990), 267–298.

[11] S. Donaldson, An application of gauge theory to four-dimensional topology, *J. Differential Geometry*, **18** (1983), 279–315.

[12] S. Donaldson, Irrationality and the h-cobordism conjecture, *J. Differential Geometry*, **26** (1987), 141–168.

[13] A. Floer, Morse theory for Lagrangian intersections, *J. Differential Geom.*, **28** (1988), 513–547.

[14] M. Freedman, A fake $\mathbb{S}^3 \times \mathbb{R}$, *Ann. of Math.*, **110** (1979), 177–201.

[15] M. Freedman, The topology of 4-manifolds, *J. Differential Geometry*, **17** (1982), 357–453.

[16] M. Gromov, *Structures métriques pour les variétés riemanniennes*, Cedic-Fernand-Nathan, 1981.

[17] A. Hatcher, *Algebraic Topology*, Cambridge University Press, 2001.

[18] R. Hamilton, Three manifolds with positive Ricci curvature, *J. Differential Geometry*, **17** (1982), 255–306.

[19] R. Hamilton, Non-singular solutions of the Ricci flow on three-manifolds, *Comm. Analysis and Geometry*, **7** (1999), 695–729.

[20] 服部晶夫，佐藤肇，森田茂之，『多様体のトポロジー』（幾何学百科 I），朝倉書店 (2016).

[21] F. Hirzebruch, *Neue topologische Methoden in der algebraischen Geometrie*, Ergeb. Math. Grenzgeb. **9**, Springer, 1956.

[22] 本間龍雄，『組合せ位相幾何学』POD 版，森北出版 (2003).

[23] T. Homma, M. Ochiai and M. Takahashi, An algorithm for recognizing $\mathbb{S}^3$ in 3-manifolds with Heegaard splittings of genus two, *Osaka J. Math.*, **17** (1980), 625–648.

[24] V. Jones, A polynomial invariant for knots via con Neumann algebra, *Bull. Amer. Math. Soc.*, **12** (1985), 103–111.

[25] 加藤十吉，『組合せ位相幾何学』（岩波講座 基礎数学），岩波書店 (1976)，オンデマンドブックス (2019).

[26] 川村一宏，『距離空間のトポロジー』（本シリーズ），共立出版 (2022).

[27] M. A. Kervaire, A manifold which does not admit any differentiable structure, *Comment. Math. Helv.*, **34** (1960), 257–270.

[28] M. A. Kervaire, Smooth homology spheres and their fundamental groups, *Trans. Amer. Math. Soc.*, **144** (1969), 67–72.

[29] M. Kervaire and J. Milnor, Groups of homotopy spheres: I, *Ann. of Math.*, **77** (1963), 504–537.

[30] R. Kirby and M. Scharlenmann, Eight faces of the Poincaré homology 3-sphere, *Uspekhi Matematicheskikh Nauk*, **37** (1982), 139–159.

[31] R. Kirby and L. Siebenmann, On the triangulation of manifolds and the Hauptvermutung, *Bull. Amer. Math. Soc.*, **75** (1969), 742–749.

[32] R. Kirby and L. Siebenmann, *Foundational Esseys on Topological Manifolds, Smoothings and Triangulations*, Ann. of Math. Studies **88**, Princeton University Press, 1977.

[33] 小林亮一，『リッチフローと幾何化予想』，共立出版 (2011).

[34] 小島定吉，『トポロジー入門』，共立出版 (1998).

[35] 小島定吉，『多角形の現代幾何学 新装版』，共立出版 (2021).

[36] 小島定吉，藤原耕二 編，『サーストン万華鏡』，共立出版 (2020).

[37] J. Milnor, On manifolds homeomorphic to the 7-sphere, *Ann. of Math.*, **64** (1956), 399–405.

[38] J. Milnor, On simply connected 4-manifolds, Internat. Sympos. on Algebraic Topology, 1958, 122–128.

[39] J. Milnor, *Singular points of complex hypersurfaces*, Ann. of Math. Studies **61**, Princeton University Press, 1969.

[40] J. Milnor, On the 3-dimensional Brieskorn manifolds M(p, q, r), Ann. of Math. Studies **84**, Princeton University Press, 1975, 175–226.

[41] J. Milnor, *Lectures on the h-cobordism theorem*, Princeton Legacy Library, 2015.

[42] J. Milnor and J. Stasheff, *Characteristic classes*, Ann. of Math. Studies **76**, Princeton University Press, 1974.

[43] E. E. Moise, Affine structures in 3-manifolds V. The triangulation theorem and Hauputvermutung, *Ann. of Math.*, **56** (1952), 96–114.

[44] J. Morgan and G. Tian, *Ricci flow and the Poincaré conjecture*, Clay Mathematics Monograph, AMS, 2007.

[45] J. Morgan and G. Tian, *The geometrization conjecture*, Clay Mathematics Monograph, AMS, 2014.

[46] 茂手木公彦, 『デーン手術』（本シリーズ）, 共立出版 (2022).

[47] J. Munkres, *Elementary Differential Topology*, Ann. of Math. Studies **54**, Princeton University Press, 1966.

[48] R. Norman, Dehn's lemma for certain 4-manifolds, *Invent. Math.*, **7** (1969), 143–147.

[49] G. Perelman, The entropy formula for Ricci flow and its geometric application, arXiv: math.DG/0211159. 2002.

[50] G. Perelman, Ricci flow with surgery on three-manifolds, arXiv: math.DG/0303109. 2003.

[51] G. Perelman, Finite extinction time for the solutions to the Ricci flow for certain three-manifolds, arXiv: math.DG/0307245. 2003.

[52] H. Poincaré, Analysis Situs, *Journ. de l'École Polytech.*, **1** (1895), 1–121.

[53] H. Poincaré. Cinquième commplément à l'analysis situs, *Rend. Circ. Mat. Palermo*, **18** (1905), 45–110.

[54] V. Rokhlin, New results in the theory of four-dimensional manifolds, Doklady Acad. Nauk. SSSR **84** (1952), 221–224.

[55] 酒井隆, 『リーマン幾何学』, 裳華房 (1992).

[56] T. Shioya and T. Yamaguchi, Collapsing three-manifolds under a lower curvature bound, *J. Differential Geometry*, **56** (2000), 1–66.

[57] T. Shioya and T. Yamaguchi, Volume collapsed three-manifolds with a lower curvature bound, *Math. Ann.*, **333** (2005), 131–155.

[58] S. Smale, Generalized Poincaré's conjecture in dimension greater than four, *Ann. of Math.*, **74** (1961), 391–406.

[59] J. Stallings, Polyhedral homotopy-spheres, *Bull. Amer. Math. Soc.*, **66** (1960), 485–488.

[60] W. Thurston, Three-dimensional manifolds, Kleinian group and hyperbolic geometry, *Bull. Amer. Math. Soc.*, **6** (1982), 357–381.

[61] W. Thurston, *Three-Dimensional Geometry and Topology*, edited by S. Levy, Princeton University Press, 1997.

[62] 坪井俊, 『幾何学 II ホモロジー入門』, 東京大学出版会 (2016).

[63] 上正明, 久我健一, Freedman による 4 次元 Poincaré 予想の解決について, 日本数学会, 『数学』 **35** (1981), 1–17.

[64] C. T. C. Wall, On simply-connected 4-manifold, *J. London Math. Soc.*, **39** (1964), 141–149.

[65] J. H. C. Whitehead, On C^1-complexes, *Ann. of Math.*, **41** (1940), 809–824.

[66] H. Whitney, Differentiable manifolds, *Ann. of Math.*, **37** (1936), 645–680.

[67] H. Whitney, The self-intersections of a smooth n-manifold in $2n$-space, *Ann. of Math.*, **45** (1944), 220–246.

[68] E. Witten, Quantum field theory and the Jones polynomial, *Comm. Math. Phys.*, **117** (1988), 353–386.

索 引

【著者紹介】

小島定吉（こじま さだよし）
1981年　コロンビア大学 GSAS 数学専攻修了
現　在　早稲田大学理工学術院教授，Ph.D.
専　門　トポロジー・幾何学

ひろがるトポロジー	著　者　小島定吉　　ⓒ 2022
ポアンカレ予想	編　者　石川剛郎・大槻知忠
——高次元から低次元へ	佐伯　修・三松佳彦
	発行者　南條光章
Poincaré Conjecture	発行所　**共立出版株式会社**
— Higher Dimensions to Lower Dimensions	〒 112-0006
	東京都文京区小日向 4-6-19
2022 年 9 月 15 日　初版 1 刷発行	電話番号 03-3947-2511（代表）
	振替口座 00110-2-57035
	www.kyoritsu-pub.co.jp
	印　刷　錦明印刷
	製　本

検印廃止　　　　　　　　　　　一般社団法人
NDC 415.7, 414.7　　　　　　　自然科学書協会
　　　　　　　　　　　　　　　　会員
ISBN 978-4-320-11503-3　　Printed in Japan